NF文庫
ノンフィクション

海軍めし物語

艦隊料理これがホントの話

高森直史

潮書房光人新社

まえがき

ウソのようでホントの話、その反対にホントのようでウソの話がある。その中間的な話やどっちでもいいような話もある。ウソだと思っていたことの中に真実があったりするからややこしくなる。つくり話がいつのまにか本当だと思われてしまったものもある。

こういうことは洋の東西を問わないようだ。

これまでアメリカ本土をレンタカーですいぶん走り回った。アメリカ人の食生活の実態や食料(食糧)生産地を自分の目で確かめたいという栄養学研究者としての真面目な見聞目的と興味半分のドライブで、一九九九年の還暦を機に、二〇一九年晩秋の八一歳目前までの約二〇年間、一五回訪米し、総計七万マイル(約一一万キロ=地球三周弱の距離)、ほとんど北米の隅々まで見て回った。何度も通った同じルートもある。

肥満の多いアメリカ人の食生活の実態を観察するというのが第一の目的だったが、ニューメキシコで変わった名前の町を通りかかったのでインターステイツ25号を下りて立ち寄ったことがある。Truth or Consequencesという市名で、メキシコとの国境に近いテキサス州西端のエルパソから北へ九〇マイルの町で、アルバカーキーへ行く途中にある。トゥルースオアコンシクエンシーズ（日本式に表記）を区切って訳すと〝ホントか、はたまた成り行きか〟というくらいの意味になる。名前じたいがウソっぽいが、人口約七〇〇〇人の静かな町で、ウォルマート（スーパーマーケット）もあった。これといった観光名所もないが、天然温泉や地熱エネルギーの利用開発に力を入れてはいるらしい。

先住民のアパッチ族はこのあたりに多かったが、町おこしで〝ジェロニモもよく利用した温泉〟を売り文句にするにはウソっぽくなってしまう。先住民は温泉が好きだったという証拠でもあれがいいが、ナバホ族などは風呂に入る習慣はなかったと著名な心理学者だった河合隼雄氏の著作『ナバホへの旅　たましいの風景』のどこかにあった。あの民俗学者としても知られる河合元文化庁長官が言うのだからホントの話だろう。よくウソをつく人間はホントのことを言っても信用されない。

しかし、コロラド州やアーカンソー州などには昔からの温泉療養地（スパ）はあるから、アメリカにも信玄の隠し湯ではないが、天然温泉を利用する習慣がなかったわけではないようだ。日本では素っ裸で入るが、アメリカでは水着でないと入れてくれない。

この町の八〇マイル東に第二次大戦末期の原爆実験で知られる町アラモゴードがあって、町の南側にホワイトサンズ国立公園という真っ白な砂が集積した広大な砂漠地帯がある。地質学的解説によると石膏（硫酸カルシウム）の粉末が蓄積したものらしいが規模が大きい。

区域内は軍事基地と繋がっていて米空軍の管理下にあるが、ゲイトで「サイトシーイング」と言ってパスポートを見せれば、まばゆいくらい真っ白で美しいホワイトサンズの自然の景観を観察できる。マンハッタン計画で核実験をしたのはここからさらに五〇マイル北の砂漠地帯だった。

外国の地名をいちいち日本語に訳する意味はないが、トゥルース・オア・コンシクエンシーズの由来をさぐってみたくなって帰国してから調べてみたら、アメリカ合衆国ではいちばん長い市名で、七〇年ほど前に人気のあったラジオのクイズ番組名に由来することがわかった。住民投票の〝結果〟(Consequences) で決まったというのも怪しいが、市名が長すぎるので今ではTOC（ティオァシー）シティでも通じるようである。由来を知ってしまえば「な〜んだ」というくらいであるが、逆に面白くも感じる。

本書のテーマを逸脱したようなことを長々と書いているので「まえがき」らしくないかもしれないが、本書を書くきっかけが一五年ほど前のニューメキシコだっただけにいきさつを記した。

〝海軍料理〟にも「…Truth？（どうかな？）」というものがある。明治海軍の料理教科書に「シャットブリヨンヲランダニエールビアンネールソース」というやたらに長い西洋料理の作り方が出てくるので、いったい何だろう？　と思ったことがある。

海軍の食習慣や生活史には、名前の長さはともかく、ウソっぽい話も多い。軍艦では牛を飼っていて、必要に応じて精肉にしていたというのは冷蔵庫のない明治初期には確かにあったが、極めて短期間のことで、これをホントとするかウソとするかは説明しにくい。

司令長官の食事はいつもナイフとフォークを使う西洋料理で軍楽隊の生演奏付きだったとかいうのもホントの理由を聞けば、ヘエーと、海軍の合理的な考え方がわかってきたりするものもある。

しかし、ウソもホントのことを知ればかえって興味が高まるものもある。その逆も言える。オモテがあればウラがある。

カレーは海軍が考案した料理で、イギリス海軍からの直伝―という言い伝えがある。ウソであるが、大英帝国海軍を見習った明治海軍を考えれば、どこかに海軍とカレーの関係にホントの部分もあるのではないか、と興味が湧いて食文化史が面白くもなる。

海軍肉じゃがも尾ヒレがついて東郷平八郎元帥の考案というまでに発展したが、それをウソだと言って怒る人もいないようだ。それを知っていて、写真で見る寡黙で尊厳に満ちた東郷大将の顔を想い出しながら、「この人、肉じゃがを食べるときでも笑ったりしないのかしら」と想像を膨らましながら楽しく食べればいいのであって目くじら立てるほどのこともない。

本書は、これまで海軍食文化をテーマとして書いてきた拙著の中から面白い由来や食文化史と関係の深い海軍料理を抜粋し、新たなエピソードとトリビアを加えたものである。近年〝トリビア〟が「雑学」の意味でよく使われるが、本来の〝つまらないもの〟の意味の中に生活の潤いになる知識がたくさんある。

海軍料理の〝トリビア〟が食生活の調味料、あるいは隠し味になればさいわいである。
なお、本書で記す「海軍」とは特別な説明がないものは日本海軍のことで、他国海軍と区別を要する場合のみ「日本海軍」あるいは「帝国海軍」と表記する。

著　者

海軍めし物語——目次

海軍料理のウソとホントの例

第一部　明治から昭和まで海軍食の発達史から

第二部　海軍料理成り立ちの背景―教育と実務

第三部　海軍料理、ウソとホントの余話

海軍めし物語

艦隊料理これがホントの話

海軍料理のウソとホントの例

海軍カレーのウソとホント

ここ五、六年ほど前から「海自カレー」に人気がある。「海上自衛隊カレー」のことで、「海軍カレー」と言わないところに意味がある。それ以前は横須賀、呉、佐世保などで海軍にあやかってあちこちで「海軍カレー」と名付けたカレーを売っていた。海軍ゆかりの町だからそれも観光や町おこしにはいいのだが、「海軍カレー」と聞くと海軍式カレーライスだと思われがちだった。

海軍の町だけではなく、広島の平和公園相生橋近くのカレー専門店でも三〇種以上のメニューの中に「海軍カレー」というのがあった。研究的立場（?）から注文してみた。

しかし、出てきたのは特段変わったところもなさそうなビーフカレーだった。訊《き》いたところで的確な答えは得られないのを承知で、店の若い女性に「コレ、どこが海軍カレーなんだろ?」と訊いてみた。

彼女の答えは立派なもので、「スプーンの形が違うんです」という。なるほど、大さじの形状が普通のスプーンと違ってヘラ状というか、先端部が広くなっていた。海軍ではそんなスプーンを使っていたと聞いたことはないが、明治期の海軍ではカレーライスはフォークを使って食べたと聞いたことはある。フォークでも使っていれば海軍の食生活史に合うところもあるが、そうではないらしい。

ついでに書くと、海軍がフォークを使ったのは、当時の某高級ホテルに倣《なら》ったものだったらしく、「本来スプーンは汁もの（スープなど）用食器で、どっちつかずの〝ご飯もの〟のカレーにはフォークを使ったのだろう。日本人の工夫だと思われる。現在食べているような一般的カレーライスは日本で発展したもので、欧米にはない。米の食習慣が外来食材とうまく融合した日本発祥の食文化と言える。

…で、平和公園のその〝海軍カレー〟の味はというと、どうということもなく、ありふれたビーフカレーだった。一年後にそのカレー店のあったところを見たら違う料理店舗になっていた。カレー店も生存競争が激しいようだ。

それにしても、いまやカレーライスは日本の国民食とも言えるくらい家庭でも外食でも全国的に食べられ、種類も多い（拙著『海軍カレー伝説』で詳述）。

これほど日本で広くカレーが食べられるようになったのは戦後のことで、とくに昭和四十年代後半期からなので海軍時代とは作り方に違いがある。それがようやくわかってきて、「海軍カレー」と「海自カレー」とは一線を隔するようになったというのがホントの話である。

そのきっかけとなるのが〝カレーの素〟の商品開発である。つまり、むかしは家庭でカレーをつくるといえばカレー粉が調味料の主役で、それにメリケン粉と玉葱…肉類と言えば牛、豚、鶏などだった。

カレー粉は明治末期からターメリック（うこん＝鬱金）をはじめ数種の香辛料をブレンドしたもので、日本人の口に合うようによく研究されてはいるが、家庭で作るとなると缶に入ったカレー粉だけが頼りなので画一的にならざるを得ない。レストランなどのカレーは手が込んでいて、スープの手間から違う。市販のカレー粉は使わず、シェフ独特の香辛料の使い分けで作るところが多い。家庭ではそんなむずかしいことはできない。

それが「カレーの素」なら一般家庭でもパッケージに書いてあるとおりにつくればカレー専門店で食べるようなうまいカレーができるようになった。そういう即席カレーの素が普及するのは昭和四十年になってからだとわかれば簡単に「これが海軍カレーでございます。ウソ偽りはありません」と言えなくなるというのがホントの話である。

ついでにいえば、「海自カレー」として呉市内の料理店などで売られている海上自衛隊の部隊別の作り方をもとにした〝海上自衛隊カレー〟は現在販売されている即席カレーの素をベースにして部隊で工夫された自慢のカレーを模倣したものであり、一律でないところに人気がある。近年商品化されたカレーの素も各メーカーの工夫がよく生かされている。

作家の池波正太郎氏が言う「母親がつくるライスカレーがいちばんうまかった」とはノスタルジー（郷愁）で、〝ライスカレー〟と言うところに時代が感じられる。池波氏が育った戦前の東京の下町ではそう呼んでいた。『食卓の情景』（新潮文庫）では、

いう。「今夜は、ライスカレーだよ」と母親が言うと正太郎少年は目の色が変わったものだったと

いう。「大きな鍋に湯をわかし、これに豚肉の細切れやにんじん、たまねぎなどをぶちこみ、煮あがったところへ、カレー粉とメリケン粉を入れてかき回して出来上がり」

この手順だと手抜きもいいところ、なんのコツもいらない。

母親のカレーがいちばんうまかったというのは、料理には追憶の影響もあるということだろう。海軍通信兵だった池波氏は大正十二年生まれだから海軍でカレーを食べたのは戦争中のことだろう。海軍のカレーもうまかったと書いている。海軍のこと、戦争中でもカレーの作り方はかなり手が込んでいた。もちろん香辛料はカレー粉だけだが、烹炊員（調理員）は切る野菜の大きさ、メリケン粉の煎り具合（ここがポイントだった）など手抜きしないようにきびしく指導されたと私は海軍主計兵だった人から聞いている。

海軍カレーについてのいちばんのウソは「金曜カレー」である。

「海の上では曜日がわからなくなるから、そのサインに金曜日の昼食をカレーにした」――そういう伝説。まったくデタラメである。そのウソの真相は拙著『海軍カレー伝説』（潮書房光人新社、二〇一八年刊）に詳しく書いたのでここでは書かない。

海軍肉じゃがのウソとホント

肉じゃがは海軍が発祥となっている――これはホントである。

なぜホントと断定できるかというと、肉じゃがの前身と言える料理（甘煮）が初見できる

のは海軍の昭和期の料理教科書だけで、民間の一般料理書あるいは割烹（料理専門店）などの当時の料理書にはないからである。

えらそうに「私の発見」とは言うが、テレビ局ディレクターの「やらせ」のような注文に乗って調べていたら偶然、海軍料理書から発見したというのがホントの話である。発見の殊勲はむしろディレクターのほうにある。

そのテレビ番組（日テレ系）の放映（昭和六十三年九月十六日「謎学の旅―肉じゃが㊙物語」）がきっかけで、その後NHKブックで「肉じゃがは海軍発祥」と記録された。今では「高森直史―肉じゃがルーツ発見者」となっている資料も多い。

たしかに、昭和四十年代までは「肉じゃが」という料理名はどこにもないこともわかった。「甘煮」は便宜的な名前で、「牛肉とじゃがいもの砂糖と醤油の煮込み」とでも言わないと実態がわからない。明治後期に、時事新報が報じた海軍記事に、ただ「煮込」とだけ書いた牛肉と馬鈴薯の煮物があり、材料の構成から「肉じゃが」に近い。

昭和の教科書はもっと具体的で、説明どおりに作ればまったく肉じゃがになる。海軍の「甘煮」が昭和初期から次第に家庭料理の中にも広まり、戦後は居酒屋や小料理屋で定番料理の一つになり、長ったらしい言い方を嫌う関西人が「ネギとマグロのたたき和え」を縮めて「ネギマ」と言うように「牛肉とじゃがいもの砂糖と醤油の煮込み」も簡略して「肉じゃが」になったというのが私の想像である。ちなみに、「肉じゃが」が広辞苑や大辞林に登場するのは平成以降の版からである。

長い名前のフランス料理例「小さなアーティチョークのフォアグラ詰め、ジロルと胡麻のデュクセル、クルミ油とトマト入りキノコのジュ添え」(Petits Artichaus Farcis au Foie Gras, Duxelles de Giirolles et Sésames, Jus de Champignons au Coulis de Tomate et à l'Huile de Noix)

（中村勝宏氏著書から）

料理名には国柄が反映しているものが多い。とくに長い名前がフレンチに多いのは材料や作り方までネーミングに含めるからだろう。フォアグラ・ドゥ・カナール・オ・トリュフというのは「鴨のフォアグラ トリュフ添え」という高級料理であるが、「ネギマ」のように縮めようがない。

フレンチにはもっと長い前菜がある。日本名では「フランス産フォアグラのテリーヌ トリュフとブッフサレ・リ・ド・ヴォとレンズ豆のガトー仕立て」というらしい。注文のときそれを説明するウェイターと、よくわからなくてもわかったような顔でうなずく客とのやりとりから料理のたのしみが始まるのだと思う。

私自身、フランス語と日本語による丁寧な解説の中村勝宏氏著の『フランス料理技術教本』（柴田書店）を読みながら、「そうは言っても、やはりほかに名前のつけようがないなぁ」と思われるものが多い。

知ったかぶりになるが、アーティチョークとフォアグラを使った手の込んだ料理に次のようなものもある。出来上がりの写真からはとてもそんな手の込んだ料理には見えない。

解説は省略するが、拾い読みできる数種の材料から大体のことはわかる。料理名はPetits Artichauts Farcis au Foie Gras,Duxelles de Girolles et Sésames, Jus de Champignons au Coulis de Tomate et à l'Huile de Noix となっている。日本語では「小さなアーティチョークのフォアグラ詰め、ジロルと胡麻《ごま》のデュクセル、クルミ油とトマト入りキノコのジュ添え」としてある。長くなるのはしかたがない。

その点、国民性なのか日本人には短い料理名のほうが合うようだ。食材も短く、「す」とか「ふ」のような固有名詞もある。酢は短すぎてわかりづらいからか、あまり意味のない接頭辞を冠して「お酢」と言ったりする。麩はつけようもないのか「お麩」とはあまり言わないが…。英語で意味のある一字はIだけくらいのものである。それも二音節になる。「肉じゃが」はこれで十分わかる。ただし、日本の料理にはその由来がまことしやかに伝えられるものが多い。つまり伝説で、大げさになったり、尾ヒレが付くものもある。

源義経は衣川で死なずに大陸に逃れてジンギスカンになった。八五年後にその孫フビライによる元寇は祖父の遺言による鎌倉幕府攻めだったのだとか…。明智光秀は天王山の戦いで敗走中に伏見・小栗栖の竹薮で落人狩りの手にかかって死んだとなっているが、じつは二〇年後、徳川家康の側近として暗躍した僧天海こそ光秀であるとか…。赤穂浪士の討入もいろいろな人情噺《ばなし》が加えられて日本人の心をとらえる奥深い物語になっている。

西郷隆盛にも、西南戦争で死んだのは替え玉で、ロシアへ渡ってニコライ二世に庇護《ひご》され、それが明治二十四年五月の大津事件の原因だという話に飛躍する。明治十年の一四年後の明治二十四年三月、ニコライ皇太子の来日を前に、東京日日新聞が「西郷隆盛、シベリアで存命」というニュースまで伝えた。警備の津田三蔵巡査がニコライ皇太子に斬りつけたのは、生存しているという西郷がニコライ皇太子と一緒に来日でもしたら西南戦争の戦功で貰《もら》った勲章も剥奪されるという妄想が高じての行為だったという話もある。

西郷が城山で自刃する明治十年九月二十三日の二〇日前の夜に赤い星を見た鹿児島の市民たちがその星に西郷の影のようなものを見て〝西郷星〟と呼んだ。帝政ロシアが滅亡したあと革命者レーニンが共産主義のシンボルとして使った赤い星の旗こそ西郷星を引用したものだという話まである。明治十年九月三日は火星の大接近で普段よりも赤かったというのが終焉近い西郷隆盛に結び付いたらしい。

肉じゃが伝説とは何の関係もない話になったが、料理伝説にも尾ヒレが付きやすいというたとえを言いたいための余談である。肉じゃが—舞鶴—東郷平八郎—日本海海戦で敵対する帝政ロシア…ピヨトル大帝以来の帝政は壊滅し、残ったのはボルシチとトルストイくらいだったが料理にも伝説が付くとたのしくなる。

肉じゃがに話を戻す。

舞鶴が出発点になった肉じゃがは、その後、東郷平八郎司令長官の考案で、イギリス留学中に食べたビーフシチューを懐かしんで味付けを砂糖と醤油でアレンジしたものだというような話—つまり尾ひれが付いて、由来におもしろさが加わった。舞鶴の発起会メンバー約二〇名一行が東郷の青年時代の留学先であるイギリスのポーツマスまで行って日本式ビーフシチュー＝肉じゃがを紹介して国際親善を高めたというホントの話につながるから、料理の持つ文化的意義は大きい。

肉じゃがと言えば広島県の呉市も日本の食文化振興に寄与している。

呉は舞鶴が宣言した三年後に「うちこそ本家」と言い出したこともあって遅れを取り戻す涙ぐましい努力もあったが、今ではその努力が実って呉市の観光推進に一役買っている。

舞鶴、呉に次いで、「それならうちも…」と佐世保も海軍の町としてのプライドと東郷元帥は舞鶴鎮守府司令長官になる前の明治三十二年には佐世保鎮守府司令長官もやっていたから肉じゃがの本家を名乗りたかったらしく私にも相談も受けたが、あと出しジャンケンでズルだとわかったからか進駐軍のバーガーを「佐世保バーガー」として売り出し、けっこう知名度を上げている。やはり名乗りは早いが勝ちということでもある。

初めに書いたように、料理を食するときに、その成り立ちや食材にまつわるエピソードを知るといっそう料理が楽しめる。刺身のツマのようなものでもある。ツマ—妻ではない—の役割りは実は大きい。人間のツマ（妻）も本来的には役割りは大きいが…個々にかなり差がある。刺身に何気なく付けられた大根の白髪、穂じそ、たで、ミョウガ、おごのり、にんにく、はま防風…料理が引き立ち、食欲をそそらせる。それがツマの役割である。

本書では、差しさわりのない範囲で、付けても付けなくてもいいような、刺身のツマ的な海軍料理の面白さ（？）も紹介したい。

第一部　明治から昭和まで海軍食の発達史から

咸臨丸渡米の航海食はパンだった？

「海軍ではパンが主食だったんでしょ？」

もう四〇年以上むかし、私は護衛艦の補給長をしていて夏の広報行事で青森港に入ったとき、見学に来た婦人グループの一人からそんな質問を受けたことがある。

岸壁にはねぶた衣装の市民もあちこちにいたから自衛艦見学はついで（序で）のことで、質問もついでのようなもので深い意味はなかったのかもしれないが、こういう質問は簡単に見えても答えにくい。いつの時代のことを聞いているのか、海軍には飛行機もあるし、陸上部隊もある。一日三度の食事もあり、夜食や弁当もある。

昭和五十年ごろは、まだ「主食」「副食」という言い方をする時代で、パンが主食と言えば、「食文化が進んでいる」ような風潮もあった。答えにくいというのはそういうことで、食生活研究者や栄養士が相手ならそれなりの答え方があるが、一般市民の単なる質問のようなので「パンも食べましたが、やっぱり日本人は米のメシでないと元気が出ないらしく、明治時代にそれで反乱を起こしかけたフネもあったようです」と答えておいた。

偏《かたよ》った白米の過食で脚気が蔓延した明治海軍の物語を隊員食堂で長々と話すような雰囲気ではなく、外では「ラッセラ～、ラッセーラ～、♪」とねぶたの跳人《はねと》の事前練習の声も聞こえるところでビタミンB_1発見以前の話をしてもしょうがないので、そのくらいでやめた。

しかし、国民には海軍の食事に関心があるのを知った。普段、艦内一般見学でも調理室まで見せることはしない。国民に台所や料理の献立を見せてなんの意味があるかという考え方だろうが、私は護衛艦勤務のとき、女性見学者にはつとめてフネの台所（調理室）も見せることにしていた。女性にはミサイルや大砲よりも台所のほうに興味がある。国防の裏方の仕事やそのための調理機器を少しだけでも見てもらうと海上自衛隊への理解にもなるのではないかと思っている。昭和四十九年八月のことだった。

日本海軍はイギリス海軍がやることならなんでも真似ようとした。航海術はもとよりマナーもすべて手本で、海上自衛隊がいまでも儀礼や注意信号に使っているサイドパイプも大英帝国海軍に由来する。

しかし、メシだけは洋式というわけにはいかなかった。幕末にオランダ海軍を手本としていたときも長崎海軍伝習所での伝習生たちはフネに七輪を持ち込んで飯を炊いたりメザシを焼いたりしてオランダ教官たちを辟易させた話もある。

安政二年にこの伝習所で勝海舟は先任伝習生として海軍術を学んだ。成績はよくなく、留年になったりするが、武士の子弟が多く、何かと注文の多い伝習生たちをうまくまとめるリーダーシップがあるのをオランダ教官カッテインディーケが認めていた。

勝海舟はその後の咸臨丸渡米に関係してくる。嘉永七年（万延元年）一月、二年前に井伊大老が調印した日米修好通商条約の批准交換のため、米艦ポーハタン号の随伴艦となった咸臨丸の教授方頭取としての役目だったが、浦賀出港前に積んだ一五〇日分の食材は米、麦、そば粉、くず粉、大豆、小豆、味噌、醤油、酢、漬物、塩鮭、塩、砂糖、油、かつお節、梅干、煮干し、茶、数種の乾燥野菜、鶏三〇羽、あひる二〇羽、豚二頭で、パンを始め洋食の食材はまったく搭載していない（出典：勝海舟編纂『海軍歴史』）。ようするに幕府海軍時代の主食はコメのメシだった。

もっとも、往路は出航翌日から荒天続きで食事をする者は少なく、サンフランシスコに着いたときは食材が大量に残っていて四ヵ月後の閏五月の帰途に役立った。

幕府が倒れ、明治五年に陸海軍が創設されたとき「兵員の食事をどうするか」は当然、急を要する問題だった。研究に時間をかけているヒマはない。乗組員は国家の一員だから制服等、衣類と食事、それに兵の住むところ、つまり「衣食住」は国が面倒みよう、ということになり、食事のもととなる食糧構成は咸臨丸のときの支給基準をモデルにした。「海軍ではご飯ではなくパンだったのですか？」と言う質問に対しては「そうではありません。海軍では最初から米のご飯でした」と答えればすむような話を回りくどい説明になってしまったが、なんでも西洋かぶれではなかった日本海軍の一面として記した。

船乗りたちのパン、乾パン、ビスケットとは？

海軍でパンといえば食パンで、イギリス式の山型食パン（ラウンドトップ・タイプ）だった。兵学校の朝食は厚切りの食パン一枚に砂糖が大さじ一杯、味噌汁が付くのはヘンな取り合わせにみえるがスープだと思えば納得できる。食パンは保存が利くので潜水艦でもよく食べていた。その意味では海軍ではパンもよく食べていたとは言える。

パンの話が出たので、大航海時代から船乗りの主要食糧だった特別仕立てのパンや乾パン、ビスケットとはどういうものだったのか、混同されているようなので歴史を交えてホントのことを書いておきたい。

「乾パン」と聞いて戦争中の軍用食や慰問袋の中身を思い出すのは、現在八〇歳前後かそれ以上の日本人で、筆者もその部類である。それから年代が下がる国民には近年の災害用備蓄食品のイメージだろう。

麻雀パイくらいの小さな乾パンは戦争中の乾パンにむすびつくが、形状や大きさにも変遷がある。陸軍は個人が野外で食べやすく、かみ砕いて水を飲めば胃の中で膨張してたちどころに満腹感が得られるといううたい文句で、さらに唾液が出やすいようにコンペイトウ（金平糖）を添えるようになったのが昭和十六年だった。実戦での使用をもとに研究改善を重ね、砂糖で味覚を高めたり、ショートニングクリームや胡麻を加えたり苦心の跡がある。

食べ方が違う海軍ではかなり大きい固形石鹸型が考案された。海上で漂流するようなことがあれば鯉のエサよりも大きくて海の上で浮くようなものが適するというところから救命筏などにも搭載されるようになった。

話が少しそれるが、昭和十九年のこと、フィリピン西方のパラワン島近くで米機の攻撃で擱座した給糧艦伊良湖（九七五〇トン）の主計長石踊幸雄大尉の手記に、海軍での乾パンに関する次のような記録がある。

孤島の近くなので食料だけでも陸揚げしようと主計科員たちと「乾パン」の箱数十箱を夜陰に紛れて艦底から運び出した。生存者約一〇〇名が無人島で生活することになり、数日後、大事な乾パンを開封してみたらビタミン剤だった。命の綱だと思っていた食料がフイになり、残存兵たちにどう説明したらいいものか困ったという。ビタミン剤は麦や雑草の雑炊にまぜて消費したおかげか極度な栄養失調や脚気患者が出なかったのは〝幻〟の乾パンのおかげだと、戦後も乾パンを見るとむしろ感慨の念が湧いたと昭和三十七年ごろ私の上司だった石踊幸雄二等海佐（のち海将補）から聞いたことがある。

話を乾パンに戻す。

乾パンとは「生パン」に対する呼称で、生パンの保存性を高めるために乾燥したり再加熱したものだった。歴史は古く、ローマ時代の遠征にも使われるようになり、「ビスケット」（ラテン語の Biscoctum Panem〈ビスコトゥム〉＝二度焼くという意味らしい）としてヨーロッパ全土に広まったといわれている。当然、十五世紀からの大航海時代の主要食糧だった。

このビスケット（固焼きパン）は一五四三年の鉄砲伝来でポルトガル人により日本に伝わったはずだが、米食文化の日本人には知られることなく、三〇〇年後のオランダとの国交が親密になって知った。江戸後期の史料に「びしけと」とか「ビシケト」と仮名文字で書かれたものがあり、長崎の出島では入手できたらしいが日本人に普及することはなかった。

日本人の保存食と言えば、古代から糒《ほしいい》（干し飯）や煎り米が主流だったが、西南戦争で政府軍が予備食としてビスケットを支給したことから明治中期以降、陸軍の保存食としてビスケットの価値がたかまった。当時、海軍では英国式のハードビスケット（略して「ハービス」）だったともいうが、これはのちの乾パンとはかなり作り方や食感が違うようだ。その点、陸軍は最初からドイツ式ビスケットを採用していて、しっかり焼いて保存性を高めることから「重焼パン」とも称し、これがのちの、いわゆる「乾パン」になった。

もっとも、陸軍ではこの〝じゅうしょう〟が〝重症〟に通じると兵士から嫌われたため、後年〝乾パン〟と称するようになったとも言う。陸軍は下級兵の反応を気にする体質があり、同じ明治半ばのことであるが、例の脚気対策でも、一部の将官（寺内正毅大将など）には麦飯の効用がわかっていながら、連隊長クラスの中に「皇軍兵士に馬と同じ麦を支給するなどもってのほか」とヘンなところで下級者の意見にこだわる者がいて脚気追放が遅れた。

パンは麵麭とも書いて〝パン〟と読ませるが、陸軍ではそのまま「めんぽう」と発音し、乾パンを〝かんめんぽう〟と呼称するから同じ日本の軍隊でもややこしくなる。物干場も「ものほしば」といえばいいものを「ぶっかんば」、編上靴（あみあげぐつ）は「へんじょうか」という（現在の陸上自衛隊でも）。陸軍式呼称には創設時期からの成り立ち（長州の影響が濃い）が影響しているところが多い。

その点、薩摩の影響が強い海軍はネーミングへの頓着はあまりない。明治四十一年発行の

『海軍割烹術参考書』に「鶏肉ノ重焼」(「かさねやき」だろうが「じゅうしょう」とも読める)という料理があるから「じゅうしょう」も禁句ではなかったようだ。

なお、明治三十七年、日露戦争開戦直前に「東洋製菓が『重焼麵麭』を完成し、政府から賞状を受ける」という記録(『近代日本食文化年表』雄山閣)がある。備蓄用非常食として改良した「乾パン」らしい。東洋製菓は森永製菓と密接な関係のあった港区の会社だったようだ。

ここで書いたことは、数年前、世界文化史研究者として著名な国際政治学者赤木莞爾慶應大学名誉教授から『三田評論』への寄稿で乾パンのことを少し取り上げたいので…という相談を受けて同名誉教授に提供した拙稿をもとにまとめたものである。乾パンにも長い歴史があることを知ってもらえれば、と私自身書きながら再認識できた。赤木名誉教授からは発行された長い歴史を持つ『三田評論』への掲載号を贈っていただいたのはいうまでもない。

近年多発する大規模災害に関連して非常食が見直されるようになり乾パンも軍隊食ではなくなったので身近なこととして本稿に入れた。軍隊食という範疇でみれば、現在の軍隊用非常食は各国とも改良が進んでいる。レトルト食品など国柄を反映した長期保存と嗜好《しこう》に合わせた多様な戦闘食があり、乾パンそのものは影が薄くなった。

海軍は麦飯だった?

日本海軍は麦飯だった―ウソと言ったほうがホントに近いが、たしかに麦混入飯を食べさせられた時期がある。「時期」というのもわけがあって、明治二十年に海軍給与令で精米に三割の麦を混ぜて食べるように定められた。なぜかと言うと、明治前半期に陸海軍で蔓延した脚気は白米の過食が原因だとわかり、小麦（パン）を食べる西洋人に脚気がないのなら、西洋料理がよいとか、パンの材料が小麦なら大麦でもいいはず、となって主食に三割の麦を混入して食べさせるようになったからである。

実際は紆余曲折があって、海軍の実験航海で麦飯が脚気予防によいとわかって明治十八年に陸海軍は麦飯採用を決めたが、陸軍は前記したように「兵士に馬と同じものを食べさせるわけにはいかない」と反対意見が強く、日清戦争でも陸軍兵から多数の脚気患者を出した。

陸軍ではその後も脚気患者が続く。吉村昭著『白い航跡』（講談社、一九九一年刊）に確かな数値がある。日清戦争と引き続く台湾平定での派兵では、陸軍兵の戦死・戦傷死者は合わせて一二七〇名だったが、これに対して病気にかかって死亡した者は二万一五九名もあって当時の健康管理が行き届かなかったことが記してある。

健康障害は急性胃腸カタル、マラリアなどもあるが、圧倒的に多いのが脚気による死亡だった。脚気患者は三万四七八三名に及び戦力にならず、三九四四名—つまり戦死者よりも脚気で死んだ者のほうが多かった。

（注：陸軍は地域性が強く、食事については師団長、連隊長の采配余地が大きかった。大阪鎮台と近衛連隊の麦飯採用に倣《なら》い、明治十九年の広島五師団に続き、東京一師団、仙台二師団、名古屋三師団、熊本六師団と、三年かけて麦飯採用が広まり、急激に脚気は減少していたが、

日清日露戦の出兵では白米こそ士気の根源とする「白米信奉」部隊が多く、患者もまた増えた）

陸軍の脚気による多くの犠牲者を防げなかった陸軍軍医の大立者石黒忠悳。出自がよいこともあって明治医学界で重用されたが、明治政府の大失策人物。森鷗外の風評被害も石黒によるところ大であると筆者は長年考えている。写真は晩年の石黒子爵

日本軍と脚気の話となると、陸軍の脚気は軍医総監だった森鷗外（林太郎）のせいにした時期が続いたが、鷗外は陸軍医学を牛耳れる立場にあったわけでなく、頭の上がらない上級者が数人いた。とくに石黒忠《ただ》悳《のり》（弘化二年生まれ。軍医中将。のち日本赤十字社第一四代社長）や鷗外の同期で成績が上の小池正直などがいて森鷗外は軍医総監といっても序列では六番目か七番目でしかなかった。

よく間違われるが、軍医総監というのは階級（中将相当）であって、職位の肩書ではない。陸上自衛隊の東部方面総監や海上自衛隊の横須賀地方総監は純然たる職位であるが、それとはまったく違う。上にいる石黒陸軍省医務局長は人事権も握っているので独自の論を言えるような余地はなく、鷗外も陸軍軍医の一人として他の陸軍医と調子を合わせて海軍を「麦飯海軍」と揶揄《やゆ》せざるをえなかったのがホントらしい。ようするに、森鷗外は陸軍軍医時代から文学者、小説家として名が知られただけに損をしている。鷗外の、陸軍を辞めたいと思ったほどのその悩みは『小倉日記』から類推することができる。墓碑銘に「石見人森林太郎」とだけ記すのを望んだ背景もそのへんにあるようだ。

海軍では明治三十一年三月にさらに糧食条例を改正し、兵食に押麦を加えるようになった。

六年後の日露戦争で、海軍では脚気患者がゼロだったのに陸軍の脚気は二一万一六〇〇余名（総傷病者数の約六〇パーセント）、脚気による死者二万七八〇〇余名──「古来東西ノ戦役中殆ト類例ヲ見サル」戦慄すべき数だと吉村昭氏は『白い航跡』で書いている。

帝國海軍糧食

第二十表（海軍給與令施行細則第百二十二條ニ依リ軍人軍屬其ノ他ノ者ニ給スル糧食ノ數額）

種別	品目	基本食 日額	基本食 旬額	新兵増加食 日額	生徒増加食 日額	夜食 一回	非常勤務給食 日額	養生酒 一回	病[illegible]病食 常食 日額	病[illegible]病食 常食 旬額	病[illegible]病食 [illegible] 月額
主食品	生麵麭	200瓦		60	80		150文		220		55
	砂糖入乾麵麭	(180)瓦					120"				
	白米	360瓦		30	30				240		120
	割麦	120瓦		10	10				80		40
副食物	骨付生獸肉	150瓦			50				110		40
	貯藏獸肉	(100)瓦									
	骨付生魚肉	180瓦			20				150		50
	貯藏魚肉	(100)瓦									
	生野菜	520瓦		80	40				480		
	乾物	(00)瓦									
	第一種漬物	120文瓦								1,120文	
	第二種漬物	80"瓦								800"	
調味及調理用品	豆	瓦	150							550	
	麦粉	瓦	150								
	醤油	立	0.75							0.65	
	酢	立	0.05							0.05	
	植物油	立	0.06								
	獸脂	瓦	30							30	
	味噌	瓦	750							700	
	塩	瓦	50							160	
	白砂糖	35瓦		5	5		25				
	[illegible]	瓦	200							100	
飲料品	茶	瓦	15文				2				
	焙麦	瓦	40"								
	火酒	立						0.036			

のだったか、食糧構成を提示すると上表のようになる。左横書き（数値は右横書き）なので読みにくいが、一人一日分の支給量白米360瓦、割麦120瓦、生麵麭200瓦、砂糖入乾麵麭120瓦と記されている（瓦はグラムと読む）。

この、明治三十一年の条例は昭和二十年の終戦時まで変わることがなかった。

しかしそれは表向きの話で、規定どおりに麦飯を食べていたかというと、そうでもなかった。本項の最初に「ウソと言ったほうがホントに近い」と書いたのはそういう意味である。

読者には退屈と思われるようなことを書

いてきたが、ここからがウソとホントの〝麦飯海軍〟の裏と表の話になる。

今では麦飯（米との混合）を常食している家庭はほとんどない。精米販売店で麦を置いていない店が多い。スーパーにはあるから需要がないわけではないようだ。

大麦の食べ方にも歴史がある。麦と聞くと白い押麦が思い浮かぶが、大麦の原型は丸いもので、茶色の小麦粒よりもやや白い。外皮が固く、前夜から水に浸けて米と一緒に炊いても固い。江戸中期までは粟《あわ》、稗《ひえ》とともに雑穀のような食べ方をしていた。江戸中期に蒸して圧延する押麦が考案され、いくらか食べやすくなった。これを半分にひき割ったのが挽割麦で、形状は米粒にやや似てはいるが、粘りはなく米とは味も雲泥の差がある。

大正七年に海軍教育本部が発行した『海軍五等主厨厨業教科書』では、「麦飯」は次のように説明がされている。

「麥飯ハ通例白米ト挽割麥トヲ混シテ炊ケルモノニシテ淘キ方炊キ方共米飯ト大差ナク唯引キ割麥ハ損シ易キヲ以テ淘ク場合幾分ノ注意ヲ要スルト心持チ水量ヲ減スルノ相違アルノミ」

としてあるだけで、あと詳しいことは実地での練習が大事であると書いてある。

陸海軍とも麦飯（米との混合）を食べることが規定されたが、海軍でも規定どおりに食べさせるのに苦労した。昭和期には、部隊によって麦の混入率を少なくしていた。当然、麦の在庫が増え、会計検査前の棚卸で主計科員は苦労した。揚子江で、夜陰に紛れて麦の袋を開けて後甲板から捨てているのをある主計長も見たが、見て見ぬふりをしていたという。

陸海軍の麦の食用はもともと脚気予防だったが、一般国民用もその後食べやすくするための加工（蒸気加熱、圧延）で押麦のビタミンB_1残存は大幅に減少した。『五訂食品成分表』表示では、押麦一〇〇グラム当たりのビタミンB_1は〇・〇六ミリグラム（粒麦段階では精白米の二倍以上含有）しかなく、脚気予防の効果はない。その意味では昭和期になっても無理に麦を兵食として食べさせるほどのことはなかった。「海軍は麦飯だった」というのは表向きでは言えるがウラがあったということになる。ただ、脚気重症患者が多かった明治中期に、海軍が脚気の原因は食事の摂り方（栄養バランス）にあると原因究明したのはホントであり、海軍の功績は間違いない。

稲作の裏作として栽培でき、米の不足を麦で補うという時代はなくなったが、繊維が多い穀物としての麦の食品的価値を知っておいて損はない。加工の手間もかかり、格別に安価でもないが、とろろ飯、冷や汁には欠かせない日本の伝統食材である。

「衛生ニ佳ナル食ベモノ」とは？

「衛生」という言葉は江戸時代後半にはあったらしいが、今の「衛生」とは意味が違った。現在の「栄養」に近く、体に良い食べものを指した。江戸時代半ばに日本人が卵かけご飯を食べるようになり、「生卵ハ衛生ニ佳シ」というように庶民の間にも伝わった。鶏卵（鶏《けい》子《し》）は生命が宿るとして聖武天皇時代から日本では食習慣がなく、まして生で食べるなどはとんでもなかった。西洋では生卵は食べないが、日常の食材や製菓材料だった。

余談だが、西洋人の食材は聖書に由来するものが多い。イエス・キリストがたびたび説教材料に使っているように魚類は重要なたんぱく源だが、古代イスラエル律法ではヒレとウロコがない魚は食べてはいけないとあって、ウナギをかば焼きにして食うなどは〝神の怒り〟に触れた。「目からウロコ」も聖書に由来する。ジャガイモは十六世紀にウォルター・ローリーが南米からイギリスに持ち帰り、ヨーロッパに伝わったが、聖書にないという理由で地域によっては食べなかった。聖書に多く登場する小麦（小麦粉）、羊の肉、豆、タマネギ、果物は神は「ヨシ」とされた。律法で料理法まで決まっているから勝手に食べ方を考案するとバチがあたる。子羊の肉を炙《あぶ》ってポン酢をかけてタタキで食うなどもってのほかになる。

日本海軍では経理学校で「料理は工夫が大事。学校は基本を教えるだけ」と教育したが、モーゼが聞いたらおったまげそうである。海軍料理書には材料と簡単な料理手順は書いてあるが分量や細かい調理法の記載がないのはそのためである。

脇道にそれたが、話は「栄養」に戻る。海軍グルメも、もとはといえば船乗りの栄養管理から始まったことなので素通りできない。

「健全」という言葉も明治初期にあった。こちらが現在の「公衆衛生」を意味する「地域社会の人々の健康を維持管理するための保健を指し、個人的にも日常気をつける生活上の心得」に近い。明治政府が国民の健康管理を担う官庁組織の名称をどうするか考えたとき、健全局より衛生局のほうがよいとなって、明治六年に内務省衛生局が出来た。「衛生」の意味も変わりつつあり、混同もある時期だったということになる。

では、食べもので体に良いのをどう表現していたかというと、「衛生」よりも「滋養」とか「営養」という言葉が一般的だったようだ。『吾輩は猫である』の中に、「…何故頭が禿げるといえば頭の営養不足で毛が生長するほど活気ないからに相違ない…」と書いた個所がある。古代ギリシャのイスキラスという頭の禿げた作家を引き合いにして、学者や作家は頭をよく使う。大概は貧乏だから（食べ物に欠いて）皆〝営養〟不足になり禿げている—という理論（？）である。（傍線筆者）

何の話かと言えば、亀を掴んで飛んでいた鷲が地上で光るものを見付け、あの光っているのは固い物質に違いないと、亀の甲羅を割るために狙いを定めて落としたのがこの古代作家の禿げ頭の上だったのでイスラキスはあえなく死んだという話である。夏目漱石が〝猫〟を俳句雑誌〈ホトトギス〉に発表したのは明治三十八年一月で、前記のとおり「営養」という字を使っている。当時は「衛生」よりも「営養」や「滋養」が一般的で、まだ「栄養」という合成漢字はない。

蛇足になるが、「吾輩は猫である」には明治時代の様々な料理が登場する。念の入ったことだが、全文から料理名をすべて抽出してみたことがある（次頁）。拙著『海軍料理面白事典』（光人新社、二〇〇四年刊）にそれを紹介したことがあるが、一番多いのが「メンチボール」（メンチボール？）で、西洋料理の伝播の歴史もよくわかる。漱石は胃腸が悪かったわりにはいろいろな料理に手を出している。英国留学が影響しているとも考えられる。

では「栄養」という字はいつできたのか、それを言いたくて余分なことまで書いた。

『吾輩は猫である』に登場する料理、食材　※ルビ：筆者

三馬、目刺し、牡蛎、椎茸、蒲鉾、沢庵、餅、牛肉、鴨ロース、子牛チャップ、ソップ、シチュ、メンチボー、空也餅、吉備団子、麺麭《パン》、ジャム、焼芋、大根卸し、鰹の切り身、汁粉、半ぺん、鮑貝《あわび》、山の芋、玉子のフライ、山葵《わさび》、蕎麦、饂飩、蝗《いなご》、水瓜、唐辛子、牛乳、鮪、鰹節、鮭、天麩羅、茶漬、豚肉、牛鍋、鴨南蛮、亀、スッポン、海老、蕪、塩煎餅、ロース、鰌《どじょう》、河豚《ふぐ》、海鼠《なまこ》、瓢箪の味噌漬、人参・仁参《にんじん》、カツレツ、筍、薩摩芋、蒟蒻（蒟蒻閻魔とあり不明）、牡丹餅《ぼたもち》、弁当、握り飯、夏蜜柑、梅干、渋柿の甘干し、味醂、金平糖、馬鈴薯。

文春文庫に『考証要集』という源信僧都編纂の『往生要集』をもじったような本がある。時代が古いドラマ等を作るときの制作者向けの参考としてNHKドラマ番組部チーフディレクター大森洋平氏が五十音順に用語を編集した便利な文庫本（二〇一三年十二月刊）で、その中の「え」に、

『「栄養」という言葉は大正七年佐伯矩博士によるもので、それ以前は「滋養」、「営養」または「衛生」と言った。江戸時代劇なら「滋養がある」とか「精がつく」等とするのがよい』

とあって、出典は「高森直史著『海軍食グルメ物語』」となっている。思わぬところで自

分の名を見付けた。むかしからある乳幼児用の菓子「衛生ボーロ」は京都中京区の西村ボーロ本舗の明治三十六年創業以来のコロコロの焼き菓子（ポルトガル語のBoloに由来）で、いまでも馴染みであるが、卵やミルクを使い幼児の成長に良いことをネーミングにしたことはまちがいない。つまり、当時「衛生」といえば今日の「栄養」を意味した。この『考証要集』はおもしろい。「目からうろこ」は日本語から派生したものではなく、出典は新約聖書にあると前記したが、たしかに「使徒行伝」第九章にある。したがって、時代劇で「あっしは目からうろこが落ちやした」と言ったら隠れキリシタンになってしまうから番組づくりで注意、というような解説もある。

芥川龍之介の著作に「芋粥」という小品がある。大正五年八月発表となっているが、その中で、この短編の主人公で、摂政に仕える風采の上がらない五位という四〇がらみの男を「栄養の不足した、血色の悪い、間の抜けた顔」と評している個所がある。

そうなると、大正五年時点で「栄養」という漢字を芥川は知っていたということになる。横須賀の海軍機関学校で教官も勤めていたことがあるので海軍勤務を通じて一般よりも少し早い時期から「栄養」を知っていたのかもしれない。

クドクドと回りくどいことを書いているが、ここからが海軍の出番である。

栄養学の先駆者佐伯矩博士が「体に大切な食べものの養分を滋養、営養、衛生と言っているが、生化学上、人類が健全に繁栄するための食物という意味からは「栄え、養う」―つまり「栄養」とすべきである―と国立栄養研究所初代所長当時（大正七年）に提唱、文部省に提言したのが「栄養」の始まりである。同博士はその後、大森に私立栄養学校（現在、蒲田にある佐伯栄養専門学校の前身）を設立し、海軍から有能な主計科兵曹の委託教育を約一〇年にわたって受け入れた。これが、海軍が栄養学を重んじ、給食制度が向上した背景にもなる。

なぜ海軍から栄養学校へ委託教育を？　というところが本稿のミソで、明治十年ごろの海軍は脚気との闘いだった。これを陸軍よりも先に克服したのが海軍で、脚気原因は食事の摂《と》り方にあるらしいとみて、明治十七年の実験航海で海軍軍医高木兼寛による兵食改善が行なわれ、食事の科学的管理が始まった。

海軍が栄養学校に教育を委託した主計科下士官は昭和二年から一一年に及び、修学した合計一四名の部隊復帰後の活動もあって海軍内での用語「栄養」も海軍で定着した。

それまでは医学の範疇だった〝栄養学〟が研究分野として独立するのもこのころのことである。脚気が発端となって栄養管理の大事に着眼した海軍に先見の明があった。用語「衛生」「栄養」「営養」「滋養」の裏にあるホントの話である。

西洋では壊血病が船乗りの大敵だった？

時代のずれが幸いして壊血病は日本海軍に波及こそしなかったが、海軍経理学校では昭和期になっても脚気と壊血病がいかに恐ろしい病気だったか、糧食管理科目の一環として必ず教えていた。高木兼寛海軍軍医による脚気克服は大事な海軍史でもあり、壊血病は海洋先進国の苦い歴史だったからだ。

壊血病は今では忘れられたような病名だが、現代人も知っておいてよい栄養欠乏症である。ビタミンCやビタミンB_1欠乏症は伏在的にある。

大航海時代の船乗りの最大の敵は壊血病だった。大航海と聞いて思い浮かぶのが〝マゼラン海峡〟と〝世界一周〟。マゼランが香料諸島への早回り航路を拓くためスペイン王カール五世の援助でトリニダー号以下五隻編成の艦隊でセビリアを出航したのは一五一九年八月だった。

世界一周を達成したマゼラン艦隊旗艦ビクトリア号

ドイツ文学者メノ・ホルストの著『死の艦隊』（一九七四年、学習研究社刊）というマゼラン航海記を中学生向きに訳書された本がある。

わずか一三〇トンに満たない小型帆船五隻に二七〇人の乗組員はすし詰めで居住環境は最悪。真夏の赤道近くは炎熱地獄。途中マゼランはマクタン島（フィリピン・セブ州）での現地人との闘いで死に、あとの大半も壊血病で死んでしまい、三年後にビクトリア号（九〇トン）一隻だけが帰国した。生き残っていたのはわずか一八人で、その中の客員として乗り組んでいたイタリアのアントニオ・ピガフェッタという青年貴族が残した航海中の克明な記録が『死の艦隊』の骨格となっている。航海中の食事と病気との闘いを要約する。

この大遠征の目的は香辛料探しだったが、水や食料の不足との闘いでもあった。殺人的な暑さのために乗組員の体は干上がり、一日にコップ一杯の水はコケで変色して異臭がしていた。食糧事情はさらに悪く、七〇日近く食事といえばほとんど乾パンだけで、それも粉々に砕けているばかりか、蠢く虫とネズミの糞が混ざっている。塩漬けの魚は樽の中で異臭を発していてとても食材にはならない。一番恐れていたのが壊血病で、歯ぐきの出血から始まり、そのあと次々と歯が抜ける。衰弱した水夫の多くは寒さを訴え、高熱を発し、いま立っていたかと思うとたちまちその場にばったりと倒れ、神経まで侵されてうわごとや妄言をするが看病できる態勢はまったくなく、骨と皮ばかりとなって死ぬ者が増えた（『死の艦隊』から抜粋）。

これが壊血病で、原因は栄養素の欠乏によるが、レモン果汁がこれに効くとわかるのはマゼランから二〇〇年後のことである。のちに海軍衛生学の父と呼ばれるイギリス海軍軍医ジェームス・リンドが、壊血病は乗組員にレモンやライムの絞り汁を飲ませると予防できるという発見をした。イギリス流の臨床医学（患者の実態をもとに処置法を究明する医術）は後年（明治期）の日本海軍の脚気原因究明と同じ手法だった。

体内でビタミンCを合成できる多くの動物と違い霊長類（ヒト）はそれができないため、栄養素が不足してくると自然とその成分を欲するようになる。潜水艦に乗っていた某主計長が、同じ部屋の機関長が自分の引出しから生玉葱を取り出して肥後守（小刀）で輪切りにして食べるのを見て、自分も食べたくて仕方がなかったという述懐がある。玉葱にはビタミンはほとんどないが、窮乏が極に達するとそんな現象が起こるらしい。

私は元海上自衛官であるが、幹部自衛官には似つかわしくない（？）栄養専門学校出身で、在学中たびたび慈恵医科大学講師の数名から、海軍軍医高木兼寛が脚気の原因は食べものにあると発見したことを聞かされ、日本海軍の先見の明に関心があった。それが動機で海上自衛隊に入隊したという背景もあった。栄養士免状ばかりでなく、海上自衛隊在職中に国家試験として関係業務非専従者にはけっこう難関の管理栄養士免許まで取得した栄養学とは縁の浅からぬ履歴がある。その人間が栄養やビタミンについて書こうというのだから読者に信じてもらえるだろうと、自己PRめいたことを書いている。

栄養学は日常の食生活を通じた健康管理に役立つ。これまで体重のコントロールで苦労することはなかった。摂取熱量と運動量で調整すれば難しくはない。私は八二歳を過ぎたが、五〇年前と変わらない体重を維持できている。腹囲の調整は運動でできる。消化器系疾患、高血圧等もこれまでまったくない。栄養学は実生活に役立つ実践栄養学だと確信している。とくに長生きしたいとは思わないのに、日常食べものを前にしたら、五大栄養素のどれに属するか瞬時に見分けて、食べる品目の選択や量をきめる癖がついてしまっている。すき焼き会だといって牛肉を余分に食べることはしない。食べ放題、飲み放題の宴会は嬉しいとは思わない。ミカンやイチゴは果物という前にビタミンCそのものに見えてしまう。そっけない食事だと思うことはある。

経理学校ではとくに兵員の「栄養管理」について大航海時代の乾パン、干し肉、レモン、ライムが主要食料だったことから教わったと元主計兵の人から聞いた。実際、昭和初期の経理学校教科書にかなり栄養学にページを割いてある。それが、単なる食事管理を通り越して贅沢になり、「海軍グルメ」といわれる度が過ぎた域になってしまったところに問題もある。

ビタミンとは何か？　案外知られていないところがある。

人体栄養上特殊な働きがある物質のいくつかを総合してビタミンと称し、さらに分類したものをA、B、Cとか、ナイアシン、葉酸、パントテン酸とかに区分し、その構造が学術的に決められたリンドによる壊血病原因究明からさらに二〇〇年過ぎた一九三三年（昭和八年）だった。佐伯矩《さいきただす》博士の研究、日本海軍の栄養教育の最盛期に一致する。一致するというよりも、日本での研究と実践が世界に先駆けていたということであり、日本の誇りとしてよい。

このころを頂点として海軍食は逆に贅沢になり、海軍グルメへ移行するのも、時の流れとはいえ、皮肉なことである。

軍艦で牛を飼っていた？

数年前、某テレビ局番組の日本海軍給糧艦（糧食補給艦）「間宮」で、「間宮には牛舎もあり、必要に応じて艦隊に精肉を供給していたそうです」とナレーションがあった。

「間宮」というのは、海軍主計関係者が明治末期から建造を熱望していた糧食補給専用艦で、複雑な経緯があってやっと誕生したのが大正十三年だった。なにしろ建造構想があったのが明治末期だからまだ冷蔵庫のあるフネは少ない。給糧艦に牛小屋が計画されていたのがそのまま建造時期の大正時代に設計されていた。

そのころになると冷凍冷蔵庫も発達していて、わざわざ生きた牛（活牛）を飼うまでもなかった。牛小屋だけは第二甲板に装備されていたが、当然牛が「間宮」に乗艦したことは一度もなかった。広いスペースなので補給用糧食の分別作業区画として活用されることになったというのがホントである。

しかし、生きている牛を乗せていた、という話にテレビ局が飛びつく気持ちもわかる。実際、日清戦争のころは牛も軍艦に乗って参戦した。従軍記者として軍艦千代田に乗艦した国木田独歩の従軍記『愛弟通信』（岩波文庫）に「明治二十七年十一月十五日英領で中国人から牛一頭の購入を契約した」と記録もあるというから、明治時代に実際牛を乗せていたことはホントだろう。九月の黄海海戦では、連合艦隊旗艦「松島」には二頭のホルスタイン種の牛を上甲板の牛舎に入れていて、清国の巨艦「鎮遠」が放った三〇センチ砲弾が牛舎付近に命中したらしい。それで二頭の牛も〝名誉の戦死〟だったという。この様子は長谷川栄次元大佐（兵学校五十二期卒＝高松宮殿下とも同期＝高松宮の兵学校時期の食生活については第三部で触れる）の所蔵資料にあり、活牛戦死を描いた錦絵もある。

長谷川栄次氏は大東亜戦争で第四艦隊航空参謀として終戦を迎えたが、戦後は京産大、東

“ウシ博士”長谷川栄次氏（兵学校52期）の著書

京農大で勉学しただけあってウシ博士と呼んでもいいくらい牛に詳しく、銀行勤務の傍ら牛の研究もしていた。長谷川氏の著作『牛よもやま話』（雪印乳業（株）昭和六十年刊）という牛の存在も知っていたが、この蘊蓄本を二〇年前に札幌狸小路の古書店でたまたま見つけて購入した。明治期の軍艦に牛を乗せていたというのはこの人の話だからホントだろう。ちなみに長谷川栄次氏は明治三十四年の丑年生まれである。

この人のウシ蘊蓄には実に愉快なものがある。日本に「牛」のつく姓はないかと全国の電話帳を徹底的に調べ、「牛角」のほか「牛糞」「牛尿」「牛腸」というのもあること、歌人古泉千樫の歌集に「放たれて山にあそべる若き特牛仲間の背に乗らんとす」という、ようするに牛の種付け（情交）場面を読んだ一首を見つけたり、牛糞は胃を四つも持つ反芻科目のウシが食べたあとの排泄物だから、純粋な特殊物質を含んでいるはずで、人間の食糧として利用できないかという昭和四十年代後期の農業総合研究所貿易研究室長の研究論文を紹介したり、たしかにウシ博士を感じさせる。兵学校出身の飛行機乗りにも面白い人がいた。

脱線ついでに記すと、日清戦争中に仮装巡洋艦「西京丸」という汽船を改造した大型艦にも活牛を乗せていた。

明治期の例規集を見ると軍人以外の海軍雇用者に「屠夫」という雇員名がある。現在は

「屠」という漢字は規定外で使われないが、こういう専門職人もいたようである。「西京丸」の場合はそのプロがいなかったらしく、主計科兵や厨夫（雇用調理人）たちが牛を処理するのを嫌がって尻込みするのを見て、樺山資紀軍令部長秘書として乗艦していた主計士官桜孝太郎という大尉が「どれ、オレに貸してみろ」とハンマーをとりあげて見事に牛を処理した。佐世保に帰港したら早くも花街で評判になったそうである。桜大尉は好男子で、のちに伊東祐亨大将の娘と結婚する。イヤハヤ…。

日本海軍には七三年の歴史があり、装備はもとより部隊運用、教育にも変遷がある。本稿の初めのほうで、「海軍ではパンだったそうですね？」という見学者の事例を挙げたが、海軍食についてもいつの時代のことか前提を設けないと誤解されるところがある。

テレビ番組で「おもしろい」からと勝手に台本が作られたりすると海軍グルメも違ってしまうことがある。つい最近も某テレビ局から番組台本の監修依頼があって、見ると「海軍では一度に大量に作れる揚げものが多かった」と書いてあり、竜田揚げのネーミングは元軽巡洋艦「龍田」に由来するとこじつけた番組を作ろうとしていたのがあった。私は「動揺の多い航海中の艦内で高温を使う揚げものはたいへん危険であり、急に献立変更をするのもむずかしい。そのため断然、肉じゃがのような煮ものが多かった」と指摘したことがある。

揺れ動く艦艇の中では予定献立どおりにできないこともある。天気予察、その日の訓練内容、実戦ともなるとなおさら。戦後、海上自衛隊にいた古谷重次元三佐は海軍主計科烹炊員だったとき、サバの野菜あんかけを作っていたらいきなりの空襲で烹炊所が爆撃され、蒸気釜ごと吹き飛ばされた。「オレ、あやうく人間あんかけになっちまうとこだったよ」と言っていた。

船乗りの真水管理の実際

水（海水）に囲まれながら水（真水）に不自由するのが船乗りの生活。マゼラン艦隊の一日コップ一杯支給される水のことは前記したが、クラーク・ゲーブル、チャールス・ロートン主演の古い映画『戦艦バウンティ号の叛乱』（ＭＧＭ、一九三五年）などで帆船時代の乗組員にとって真水がいかに貴重なものだったかよく描かれている。

その精神は時代が変わっても受け継がれてはいるが、清水庫（真水タンク）の増大や海水淡水化装置の発達で近代軍艦時代になると使用量が緩和されてはいた。

二〇年も前になるが、海軍肉じゃがが注目され、新聞、テレビの取材が多くなった。作り方を撮りたい、と広島のテレビ局が拙宅に来たので昭和十二年発行の『海軍厨業管理教科書』の記載どおりに作って見せた。材料の牛肉、タマネギ、糸こんにゃく、ジャガイモ、胡麻油、砂糖、醤油のほかはなにも入れない。水も入れないと聞いて、ディレクターが「フネでは水が大切だから、節水のために水は使わないのですか？」と言うので、「水は貴重ですが、そこまでは節約しません。使わなくていい水は使わないだけで、この場合はそのほうがおいしくなるからです」と言いながら録画に応じたのを覚えている。

当然、艦艇基地のある港には部隊支援のための水船もある。帰港したら燃料と水はいちばん先に補給する。「水船が来る」と艦内に伝達され、乗員もホッとするひとときである。海軍時代の風習で、水船に乗っている支援部隊員には昼食をサービスする。「水と油」と言ってことわざでは相容れない間柄のようになっているが、フネにとっては水と油が行動する上での最小限の物資である。

水と油の管理は機関科の所掌である。そのため乗組員たちは機関科員には一目置いている。機関科員が供給パイプのカギを握っていて、これもイギリス海軍の流れで、燃料係の最上級の兵曹は「オイルキング」とよばれて権威があった。水の管理者をウォーターキングとは言わないが、朝食当番の烹炊員（給食担当者）は機関科のその日の当直のボイラー員には気を遣う。飯を炊いたり味噌汁をつくる真水を送ってもらうには〝仁義〟が必要だった。仁義とは、ちょっとした付け届けで、どんぶりに白砂糖一杯とか、鮭の缶詰一つとかで、〝仁義なき挨拶〟でもしようものなら、当番の機関科員に「オネガイシマース！」といくら下級主計兵が悲愴な声で頼んでも聞こえぬふりをしていた（『高橋孟著『海軍めしたき物語』新潮社）。海軍下士官兵には意地の悪いのもいた。

水仕事が専門の烹炊員でも真水は自由に使えない。もと駆逐艦乗り主計兵の告白がある。「王様の耳はロバの耳」の話と同じで、隠しているのが後ろめたく、除隊前に昔の同僚に話しておきたかったらしい。

「じつはオレ…飯釜に入ったことが…」と神妙な顔つきで語り始めた。一度でいいから蒸気釜に入ってみたいと思っていた。朝飯づくり当番が回ってきて、一人で一五〇人分の飯と味噌汁をつくる。蒸気式の飯釜の湯は五分でいい湯加減になる。ドアを閉めてフンドシ一丁になり、数十秒だったが六斗炊きの炊飯釜に浸って念願を果たしたという。この話、真水風呂にひたりたいということではなく茶目っ気だったのかもしれない。水貰いで苦労したから機関科への鬱憤晴らしだったのかもしれない。そのあとの水をどうしたのか、ここは内緒にしておく。瀬間喬氏の著作『日本海軍食生活史話』にもこの逸話にふれた個所がある。ホントは、飯釜入浴は一度や二度ではなかったらしい。

長期航海のときは出港時から「真水管制トス」という達しがある。真水の使い方には数段階の区分があるが、普段でも清水（真水）の蛇口はひねればジャーというものではなく、個人が使えるのは噴水式の水飲器くらいで、洗面所の蛇口には水が出ないように仕掛けがしてあった。兵科の下級兵の手記に、洗面所では一度も顔を洗ったことはなかったというのもある。「新三の分際で真水で顔を洗うとは贅沢」と言われたという。ハラスメントではなく、水の大切さを頭に叩き込む教育だったと善意に解釈もできる。新三というのは昭和初期の海兵団修業したての新三等兵のことで、昭和八年の改編で最下級兵は「二水兵」（呼称を陸軍に合わせた）となったが、昔の俗称が使われていた。つぎの新三が来ると「旧三」とハクが付いてフネの中ですこし大きな顔ができた。

艦内を這いまわっているパイプがあるが、送水管のうちの海水管には目に付く個所に青赤青の識別塗料が帯状に塗ってあり、真水パイプは青い色のマークで一目でわかる。消火ホースはもちろん海水管にいつでもつなげるようになっている。

航海中、最初の米研ぎは海水を使った。兵員の入浴も海水風呂で、上がるときのシャワーだけ真水が出た。海水から淡水をつくる造水機はあるが、大事な燃料を使って海水を蒸発（焼酎の造り方と同じ）させてつくる蒸留水だから高くつくが飲料や料理には向かない。私が護衛艦補給長のとき、試験的に蒸留水だけで少量の飯を炊かせて調理員たちに試食させたら、揃《そろ》って「うまくない」という所見だった。日本の水は料理にも適し、日本米のジャポニカ種にも合っているようだ。一般隊員はそこまでは感じないだろうが、明治時代の遠洋航海で「日本の水をたっぷり飲みたい」と少尉候補生がマルセーユ港かどこかで言っていたと元海軍主計長の著書にあった。

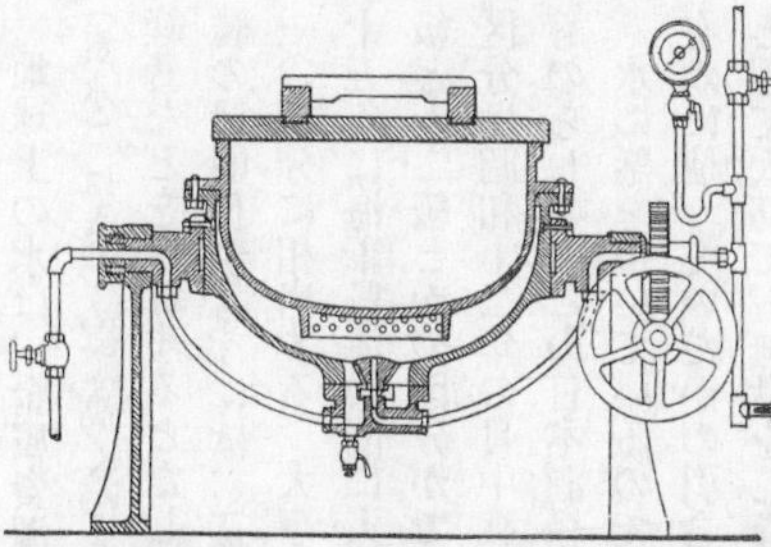

海軍式蒸気釜の構造（佐藤式）。数種あるが基本的構造で、かなり高温（110℃近く）で煮炊きでき、安全性も高い

近年、水を売り物にする企業も増え、マイナスイオン水とか水素水とか、トルマリン水、ゲルマニウム水、なかには波動水というのが健康に良いとする水ビジネスも流行《はや》っているが、科学的根拠は薄いらしい。水商売（？）は浮き沈みが激しい。

怪しいことを水モノと言う。海軍時代から水の売り込みには気をつけろと言われていた。昭和十年ごろ「水をガソリンに変える」という詐欺師に山本五十六まで騙《だま》された事件がある。

地球上の水は、金属資源や非金属物資と違って枯渇はあまり危惧されないが、フネの水（真水）はきわめて高くつく。給水施設、水船の建造、真水タンクの設置、関係業務の人的経費などを換算するとたしかに高価なものになる。昭和四十三年当時、私が乗っていた補給艦の機関長が言うには、「機関科兵になったとき、先輩からフネの水は洗面器一杯が特級酒一〇本分に相当する。大事にせい」と教育されたと言っていた。機関長山中泰孝三佐は昭和十五年に海軍呉海兵団に入隊して駆逐艦の機関兵になったが、ちょうどこの年から清酒に特級とか二級とかの区分ができたのでわかりやすい譬《たと》えだったのだろう。ちなみに清酒の等級区分は昭和十二年の日中戦争で米相場が変動し、軍の需要に応えるために等級区分を設けたものらしい。この日本酒級別制は戦後、税率の変遷もあって平成四年に完全に撤廃された。

水の話を書いているので酒の話に転じてはテーマがそれるが、フネの水を海軍ではいかに有効に使っていたかの引合いにした。水を大切に使う生活習慣は一般国民の生活でも心がけとして大切で、無駄をしないという習慣はほかのもの…電力、食物、加工品…身の回りにいくらでもある。

日本海軍でも食事不満から反乱があった？

世界の海軍史上、反乱事件がいくつかある。

厳格な艦長による水と食事制限、乗組員への規律、処罰から反乱に至る大英帝国海軍の戦艦バウンティ号の反乱は前記したが、これは帆船時代（一七八七年）にパンの木入手のためタヒチ方面へ航海し、帰途一部の乗組員が起こした反乱で、真相ははっきりしない。小説や映画では「戦艦」となっているが、政府が買い上げた小型貨物船（約二〇〇トン）を改造した武装船で、乗組員も艦長以下四六名だったというからトン数でいえば咸臨丸（推定七五〇トン）より小さい。映画では三作とも老練な役者がブライを演じているが、英海軍史では、艦長ウィリアム・ブライは一七五四年生まれとなっているから反乱はブライ（のち中将）が三三歳、大尉のときになる。映画では副長とか先任将校で登場するクリスチャン（一九六二年のMGM映画ではマーロン・ブランド）もリチャード・ホフの小説のタイトルは『ブライ艦長とクリスチャン候補生』（一九七二年刊）となっている。

映画で冷酷な人物に描かれるブライ艦長も実際は船乗りのベテランで、任務達成のためには寄せ集めの乗組員（このころはパブなどでいきなり拉致して乗せた水夫も多かった）を統制するためには厳しい統率が必要だった。追放されてボートで漂流する艦長ブライ一行一六名は海を知り尽くしたブライの力で生き延びるが、最後まで希望を持った。「やることをやればなんとかなる」というセリフこそ、船乗りに求められる精神でもあるが…。

本格的戦艦での反乱と言えば「戦艦ポチョムキンの反乱」。日本海海戦で惨敗したロシア海軍で、その一ヵ月後の一九〇五年六月、黒海のオデッサ港での水兵たちの反乱である。

無声映画時代の名作、エイゼンシュタイン監督の映画ではボルシチの腐った牛肉がもとで起こったとしている。ウジ虫が湧《わ》いた肉に文句を言ったら、軍医が「海水で洗えば問題ない」と言ったりしたことから、売り言葉に買い言葉、それでなくても革命寸前の脆弱な国家

帝政ロシアの戦艦ポチョムキン。12,900トン、士官26名水兵705名という配員比率、食糧搭載量食糧14日分という要目からも反乱が起きやすい状況にあった

体制で、この反乱が帝政ロシア崩壊の火種に油を注いだ。げに食いものの恨みは恐ロシヤ。

一九五四年の米コロンビア映画に『ケイン号の叛乱』というのがある。米海軍もこの反乱の真相は隠ぺいしたいようで、小説では、大型のオンボロ掃海艦の偏執的な艦長(ハンフリー・ボガート)の乗組員に対する行き過ぎた規律遵守要求、搭載食料等の管理に対する執拗な原因追及などが背景にあって、猛台風の中での反乱となる。

こういう映画は虚像と実像がおりまぜてあり、むしろフィクション部分が多いが、ウソとホントの使い分けで生きてくる。「ウソも方便」はよくないが、ウソが真実を物語る場合だってある。その意味では、本書はホント(真実)が多すぎるくらいである。

日本海軍での反乱のほうは、原因が単純だけに、他愛ないと言えばまことに他愛ない結末で収拾できたが、日本海軍の外伝として紹介しておく。

起こったのは明治二十三年初夏のこと、神戸停泊中の海防艦「海門」(一三八一トン)の下士官兵たち数名がストライキを起こし「総員起こし」の日課号令に従わない。分隊長坂本大尉が一同を起こして上甲板に集合させ、日本刀を抜いて「不服従者は切るゾ」と脅して理由を聞くと、糧食条例の変更で麦飯とハードビスケットになった不満がもとのふて寝だった。

反乱と言うよりもハンガーストだったようだ。某二等兵曹が代表して言うには、「ワシらは、白米飯が食えるというので海軍に入ったのに約束が違います。これじゃ力が出ません。起きる元気がありません」だった。

それを聞いて、坂本分隊長ももっともだと理解して、問題は白米飯不支給にあることを艦長に報告した。艦長平尾福三郎大佐（兵二期）は真面目な性格で「規則は変えられない」という。カタブツ艦長じゃ話にならないと、副長と謀《はか》って艦長には内緒で神戸の米屋から白米を取り寄せ乗組員に炊いて食わせたらたちまち騒ぎはおさまった。

単純な原因と書いたが、この七、八年前は鹿鳴館時代とも言って西洋かぶれに近い欧風化が一世を風靡した。海軍の兵食もいっそのことすべて洋食にしてはどうかという検討がされたくらいだった。漬物と味噌汁で育った多くの海軍兵たちにそれを切り替えてパンとハービス、おかずはシチューやスープでは不平が出るのも無理ない。パンはおやつだと思われた時代である。

坂本大尉がその三ヵ月後に「海門」を転勤になったのはそのせいだと坂本中将談（『海軍逸話集』昭和五年有終会誌）にある。出典は瀬間喬編『日本海軍食生活史話』による。主計科士官の間ではこれを「メシの神戸事件」と称していたらしい（「神戸事件」はほかにもある）。

海軍中将坂本一。安政6年生、兵7期 明治23年1月［海門］分隊長のち舞鶴鎮守府司令長官。高知出身

明治十四年に制定された海軍刑法には、上司の命令に従わない「抗命罪」というのもあるが、穏便に済ませたのが幸いだった。食いものには注意しないといけない。

ホテル料理長が料理を習いに軍艦に来ていた？

昭和十年ごろの逸話に、「むかしは銀座の料理長が軍艦に料理を習いに来ることがあった」というのもある。いくらなんでも、これこそ尾ひれが付いた話だが、ウソと一笑に付すにはもったいないので海軍グルメの陰に隠れたエピソードとしては紹介しておきたい。

小説家の小説は基本的にウソである。フィクションとはウソで固めたつくり話のことである。夏目漱石も大ウソつきということになるが、その虚構だらけの記述にだれも怒らないどころか称賛する。シェークスピアも英王室やデンマーク王室から「待った」がかかってもいいくらいのことを書いているが、「あれは全部お芝居です」で四五〇年の間お咎《とが》めはないようだ。つくり話でノーベル文学賞を貰《もら》うこともある。小説家でいちばん最初のノーベル文学賞受賞者はノルウェーのビョルンスティエルネ・ビョルンソンという作家らしい。名前からしてやたらに長く、なんだか胡散《うさん》臭いがホントらしい。

ウソはドロボウの始まりと言うが、前記の逸話（海軍小話にある）を小説風に書いてみる。読者には、ここはむしろ〝小説〟として読んでいただきたい。

明治四十四年のことである。

英国王ジョージ五世戴冠式参列のため東伏見宮殿下・妃殿下の乗艦する遣英遠洋航海部

隊・軍艦「鞍馬」「利根」が横須賀を出港したのは四月一日。海軍史に遺《のこ》るこの航海には東郷平八郎海軍大将、乃木希典陸軍大将も同乗した。島村速雄中将（兵学校七期）を指揮官として立派に任務を果たし、帰国したのが同年十一月十二日（二十二日とも）だった。

帰国行事が終わってほどなく「鞍馬」は建造時の主砲をレベルアップした巡洋艦への改造を兼ねた大修理を横須賀工廠で行なうため準備中だった。入渠三日前の「鞍馬」に来艦したのは東京のホテル調理組合の代表者たちだった。当然、訪問手続きはしてあって、主計少監（当時の階級呼称。主計少佐に相当）はじめ主計科員が出迎え、しばし懇談して帰った。遣英部隊の旗艦としての大任を果たした祝意を奉じ、西洋事情を聞くための表敬だった。

　というのは、遣英部隊が出発するにあたって、この年の正月明けに両艦の主計科兵曹が英国をはじめ各寄港地での供応について、サービスマナーや西洋料理のポイントを上野の精養軒で研修して出港したという背景がある。

　兵学校、経理学校が築地と縁が深かったのも海軍の歴史である。

　築地に兵学校ができたころから精養軒と海軍は深い縁があったが、兵学校が江田島に移転（明治二十一年）したあと海軍主計学校が築地に移り、その後、海軍経理学校として新たに会計経理・物品管理・衣糧・糧食を含めた教育機関となったのが明治四十二年四月で、その後は経理学校と都内の西洋料理店との交流が深くなった。

　築地に精養軒が出来た時期と兵学校が海軍将校養成の場として発展する時期も同調している。明治初期に岩倉具視等大物政治家の後押しもあって創建当時の精養軒は兵学校生徒の文

築地精養軒の母体となった築地ホテル（慶應４年竣工）。５年に銀座の大火で焼失後、学校北側の采女町に再建されたのが築地精養軒で、９年には上野に支店が増設された

化教育の場としても活用が奨められた。兵学校生徒の個人的利用実積まで調べられて、回数が少ない生徒は学校幹事に呼ばれ「利用が足りん。西洋料理を食わないで西洋に追いつけるか！」と注意をうけたという話まである。

精養軒はその後上野公園内に増設され、海軍と精養軒は密接な関係を保ち続けた。当時のテーブルマナーや供応食テーブルの配置図も資料が残っているが、ヨーロッパの正餐の配置様式と全く同じである。当時は一流ホテルへ海軍が行ったり、逆に民間シェフが海軍に来たり、仕事を通じた交流があった。舷門の当直員はホテルの料理長たちが海軍に料理を習いに来たのだと早合点した。

民間の料理プロの来艦は、日本出発前に「鞍馬」「利根」の主計科員が上野精養軒で実務を研修したお礼を兼ねた艦内見学招待だったというのがホントの話である。

しかし、乗員たちの間では「ヨーロッパ帰りの我が艦に西洋料理を習いに一流ホテルのシェフたちが来艦したのだ」という話になって広まった。当番兵たちに訊《き》かれた主計科員も「そうだよ」とか「ウン、まあな」くらいの返事をした。乗組員が自分のフネを誇りにするのはいいことである。伝説は尾ひれが付いて昭和の海軍時代まで語り伝えられた。

その話を私に語ってくれたのは大正八年生まれで昭和十一年に海軍に入った鹿児島県伊佐

郡大口村（現大口市）出身のＭ氏（元主計兵曹）で、経理学校普通科衣糧術練習生のとき教官から聞いたということで、Ｍ氏の経理学校学生は昭和十五年後期だったというから、開戦一年前で、経理学校もまだ築地で（戦争末期には都心を離れ、数か所で分散教育）、その築地で聞いた話だからよく覚えていると言っていた。この話は多少時期や中身が違うが瀬間喬元主計中佐の著作『素顔の帝国海軍』三部作でも紹介されているからデタラメな話ではないようだ。細部の真偽はともかく、海軍グルメは民間人プロの協力があって発展したということに伝説の価値がある。

明治四十一年に発行された『海軍割烹術参考書』（舞鶴海兵団発行）の料理の中には当時としては本格的なフランス料理の手順などが書かれていて、民間のプロが監修したとしか考えない高度なものがある。私が近年（平成十七年ごろ）、その教科書を広島プリンスホテルの総料理長に見せたところ「明治時代の発行とありますが、フランス料理などは私が中村勝宏師匠から修業時代に習った通りに書かれています」と驚嘆していた。中村勝宏氏（昭和十九年生まれ、鹿児島出身）といえば日本を代表するフランス料理の大家。平成前半期はホテルメトロポリタンエドモンド飯田橋の総料理長（後年同ホテル名誉総料理長）等をつとめた日本人初のパリでのミシェラン一つ星獲得を皮切りに星を増やした人でもある。

記載内容から、とても当時の日本海軍がフランス料理の代表的肉料理シャトブリヤン（Chateaubrriand）の解説を要領よく書けるほどの職人的軍人はいないはず。「牛ヒレ肉の太い部分を三センチほどに厚切りにしてグリルし、これにオランダニエールソースかビアンネールソースをかけて供する」とひととおりの手順も書いてあるが、どこかからの書き写しか、民間のプロに書いてもらったものだろう。

伝説的な名シェフのジョルジュ・エスコフィエはもとフランス陸軍参謀本部付料理人だった。軍隊食で名を高め、フランス革命後ホテル料理長としてフランス料理の名人として知られるようになったというから、軍隊とグルメの発祥はもともと縁があるといえる。

西洋料理ばかりではなく、日本料理も割烹のプロの手になるような和食のポイントが要領よく書いてある。和食のだしの取り方など、京料理の割烹の手を借りて書いてもらったと思われるものもあり、兵食にそのまま応用したとは思えないが、基本を大事にした海軍教育が想像できる。

中には「これが軍隊料理のレシピかな?」と思われるような書きかたに出会ったことがある。昭和七年ごろの資料で、

「…このとき材料を小さく切りすぎますと煮くずれすることがございますので、それを予想した大きさにすることが肝要でございます…(云々)…」とか「馬鈴薯の茹で加減を確かめるには勘と経験に頼らず加熱する温度管理が大事になります…(云々)…」

などとバカ丁寧な書き方で、経理学校がプロの割烹職人に書いてもらった料理の手順をよく検討もしないでそのまま転記したのだと思われ、笑ってしまいたくなる文章もある。

海軍の食事づくりの現場はまさに徒弟制度、「…でございます」ナンテとんでもない。高橋孟氏の『海軍めしたき物語』では、何かというとすぐにビンタが飛んできてうっかり聞く

 こともできない、同じことを訊こうものなら「…さきほど申しましたように…」どころか「貴様、それでも海軍か！」と、また一発。握り飯をすこし丸く握っただけで「ここは陸軍じゃない！」と包丁の柄でポカリだったと主計兵の苦労話がある。

海軍では洋食が普通だった？

西洋料理の話が出たので、すこしまわりくどくなるが、海軍と洋食のことにふれる。いわゆる正餐としてナイフ、フォークを使う西洋料理は海軍士官のマナー（食卓作法）として海軍三校（兵学校、機関学校、経理学校）生徒は学ぶが、ここでは日常食としての洋食について記す。

戦後の一時期、「海軍は洋食だった」と思われたことがある。

昭和二十八、九年ごろ、ようやく戦後の食糧難から解放されはじめた国民生活ではアメリカの影響からか洋食に憧れる風潮があった。戦争末期の五歳のときに熊本県の郷里に疎開して中学生になった私の周囲には、ナイフとフォークを使う食事作法などだれも知らなかった。学校教師の中には「舶来のさじ（スプーンのこと）など使えるか！」と言ってライスカレーを箸で食べる〝国粋主義者〟（？）もいた（木村力という書道の先生）。一方では、商家の同級生が「ウチは、朝はパン食」と言うのを聞いてハイカラに感じたものだった。

米のメシをパンに換えればハイカラ（今では使わない言葉だが、西洋風でおしゃれのこと）に思われたというのがそもそも間違っているが、そんな時代だった。

ようするに西洋式食生活のほうが高級で健康にも良いという考え方で、パンはその象徴的食材に過ぎなかったのだが…。戦争帰りの教師が、「日本は食いもので負けた」と言うのでパンのほうがいいのだと思った。「アメちゃんの体格を見ろ。食べものの差だ」といわれると「そうだなあ」と思った。ホントは和食、洋食とかではなく、食糧不足だったからだが、パンのほうがパワーが出ると単純に思っていた。

たしかに、血のしたたるようなワラジくらいの大きいステーキを食うアメリカ人と、ご飯に味噌汁、たくあん、メザシの日本人では力に差がありすぎるように見える。それも食文化の差と言えるが、果たしてそれがホントに〝文化が進んでいる〟と言えるのか、私自身長年模索している。その問題解決に取り組むためにも長年アメリカ本土を隅々まで車で走りまわってアメリカ人の食生活を見聞していることは本書で別途書いておくことにする。

「海軍は洋食だったそうだ」の話は戦後の昭和二十年代末期だったと記憶している。

私が東京（大森）の佐伯栄養専門学校に入学したのは昭和三十二年四月で、当時、栄養専門学校は国内に数校しかなく、選択に迷うことなく最も校歴のある栄養学の先駆者佐伯矩博士が設立した佐伯栄養学校に決めた。

当時八四歳の校主の佐伯博士の特別講義もあった。明治後期から大正時代にかけて栄養研究で国際的な活動をした学者だけに世界各国の食糧事情、民族的食生活の違いなどを詳しく聴く機会があったが、その話の中に、「米を中心とした食生活のほうが優れている。日本は米の生産に適した気候風土があり、国内で自給もできる。パンがよいというのは間違い。パンにも優れた食文化があるが、日本の国を考えれば日本人は米を中心とした食生活をすべき」という主張だった。

「洋食が優れている」と聞いていた私には意外に思えた。学友たちも怪訝《けげん》な顔つきだった。授業でそういう反応だったというのは、当時は日本中がそんな認識だったからだろう。授業のあと、「そうかなあ？」とまだ疑問を呈する者がいたことと結びつく。

しかし、佐伯博士の言は、いま考えるとまさしく先見の明だった。科学的にそれがホントであることは栄養学の勉強を深めてわかった。私のように、海上自衛隊定年退職後に自家用の米作りをしていると余計にそれ（米と日本人の深い関係）を感じる。

昭和初期に海軍からの国内留学生が来ていたという話もそのころ佐伯博士の講義で聴いた。海軍が陸軍よりもいち早く栄養学を導入して兵食を管理しようとしたのを知った。

海軍は洋食だったのか？　の話にもどる。

栄養学の父・佐伯矩博士の出身地に近い伊予市の榮養寺。「栄養」の用語はこの寺院名に由来するようである

昭和四十年代の海上自衛隊には元海軍下士官だった人が多かった。大正末期から昭和初期生まれ、一五、六歳での徴募兵が多いので戦争中のホントの体験を聞くことができたと思う。「洋食なんぞフネでは一回も食ったことはない」と言うときの洋食とは、下士官ではめったに食べるチャンスがないナイフ、フォークを使

った士官並みの食事のイメージで言ったものだろう。

洋食とはどんなものか、その定義が必要かもしれない。パンを見ただけで洋食と思う者はいない。むしろ―明治時代だが―パンはおやつと思われていた。海兵団のカッター（舟艇）訓練で、カッターを人力で引き上げるとき、「もっと力を出せ！　それでもメシ食ったのか！」と班長が新兵を叱咤すると、「メシはまだ食べさせてもらってません。おやつだけです」と情けない顔で答えたという話もある。

典型的な洋食とんかつ。箸で食べるのもいい

〝洋食〟という言葉にも歴史がある。フランス風の料理という意味で西洋料理をフレンチと言ったりするが、大正時代の大正デモクラシーと時期を同じくして流行った洋風メニューや日本人向きにアレンジした和洋折衷料理を洋食と呼ぶ風潮があって、なんとなく定着した。つまり、西洋料理と洋食ははっきり区別しにくいところもある。日本の食文化、食生活史からは定義を異にする。とんかつやコロッケ、オムライスなどはどちらかというと洋食になる。それを一緒にするから「海軍は洋食だったのか？」という質問になるし、答えるほうはナイフとフォークで食べる西洋料理を洋食だと思っていたのかもしれない。

そういう意味では、海軍では部隊や機関によっては洋食もでた。兵学校や潜水艦では朝食は食パンだったから「海軍では洋食」とまでは言えないが、とくに昭和時代になると下士官兵の給食にも和洋折衷の組み合わせが増えた。かつ丼のような、簡単に食べられる一品料理に近いメニューは準備やあと片付けも楽なので当番にも歓迎された。

この手の「洋食」なら、むしろ海軍独自で考案した〝洋食〟が沢山《たくさん》ある。ありすぎるくらいでいちいち紹介しておれないが、昭和七年経理学校発行の『海軍研究調理献立集』から、兵員に人気のあったものを挙げる。いずれも「兵用」としてあるので、下士官兵たちも食べているものが洋食か和食かわからずに食べていたようだ。

鰯のポジャスキー　ミンチにしたイワシとジャガイモ、バターを使った一種のハンバーグ。

烏賊のハンバクステーキ　イカをミンチにし、あとは獣肉のハンバーグの手順に同じ。

鮪のラビゴットソース　バターで焼いたマグロ切身に刻み生野菜、ソースのドレッシング。

鰯のマリネ　マリネは洋式サラダに類するが、日本人好みの鰯を使ったところがミソ。

沙魚のフリッター　沙魚とはハゼ。開いたハゼに小麦粉をまぶして揚げたもの。

「海軍は洋食だった？」の質問に答えにくいというのはそういうことである。「西洋料理まがいの料理や和洋折衷料理を積極的に採り入れていた」と言うのがホントだろう。

その点、陸軍の部隊はその地方出身者が多いので食べ親しんだ郷土料理が歓迎された。郷土料理といえば和食。歩兵十七連隊（八師団）は秋田、秋田といえば切りたんぽ、北海道の歩兵十三、十四連隊（七師団）なら三平汁とか、宇都宮（十四師団）歩兵二十七連隊では塩鮭の頭料理「しもつかれ」などなど、野戦鍋や飯盒でも作れる郷土料理が人気で、洋食は嫌われた。

海軍の和食とはどんなもの？

明治、大正、昭和—海軍の歴史とともに装備は大きく変わっていくが、艦内生活にともなう食事はあまり変わらない。士官の食費は自己負担（食べた分を翌月徴収）という制度も終戦まで変わりなく、一般兵員は給与（俸給）のなかに食費もふくまれ、実物給付—要するに集団給食だから、士官と兵の食事に違いがあるのは当然だった。しかし基本的には食材は軍需部で契約した品目の中から入手し、フネごとに料理するというシステムなので似たような料理が多く、とくに和食は基本的に海軍の日常の食事だった。

水上艦艇の朝食はまず和食—つまり米のメシに味噌汁だった。巡洋艦三〇〇人分なら主計科の当番兵二人でつくる。味噌汁のダシはイリコ（煮干）で前の晩から水を入れた釜にイリコを投げ込んでおく。この方法は調理科学という研究分野があるが、このダシの取り方は理にかなっているという。海軍がどこでこの合理的調理法を取り入れたのかわからない。ただ、昭和の戦争中は味噌汁の具に苦労したようで、毎日切干し大根ばかりだったと海軍にいた（通信兵曹）作家の池波正太郎氏の随筆にある。東京の下町で育ち、少年時代から証券会社で働き金回りもよかった池波氏は舌も肥えていたから、この人の言うことはホントらしい。

士官室も朝から洋食ということはなく、箸を使う献立（純和食）だった。士官の間でも朝は断然和食党が多く、トーストにハムエッグを注文すれば従兵が作ってはくれるが、そういう注文はガンルーム（若手士官室）であって、士官室や第二士官次室（特務士官の公室）では、飯茶碗と味噌汁椀、箸を使う、ごくありふれた朝食から一日が始まった（瀬間喬氏著

『素顔の帝国海軍』)。

士官は自分の箸を大事にし、転勤では従兵が身の回りの品とともにかならずトランクにマイ箸を入れくれた。箸こそ必需の日用品だった。一般下士官兵にはマイ箸はなく、食堂や居住区の供用備品として使ったが、杉の塗り箸は官給需品といって軍需部から貸与されるものなので管理は厳しく、食事のあと当番兵が確実に数のチェックをするという苦労があった。やはり、海軍では和食が食の原点だったということだろう。

士官用の陶磁器の茶椀や皿が割れたら軍需部にその残骸(?)を持って行けば再交付してくれた。割れた二枚分の皿をうまく細工して「三枚割ってしまった」と、壊れた枚数以上の新品をもらってくる小利口な主計科兵もいた。年季の入った下士官ともなるとやることに知恵が付き、抜け目がない。倉庫から砂糖をバッカン(飯缶=角型のアルミ容器)に小出して運ぶ主計兵が通ると、どこからかサッと手で出て砂糖をひとつかみ掠《かす》め盗るなど神ワザのような熟練者もいた。疾《はや》きこと風の如《ごと》し、かすめること火のごとし―海軍型風林火山! これをギンバイ(食べ物にたかる銀蠅)という。獲物は特別細工の自前の袋―ギンバイ袋という―に入れて素知らぬ顔。分隊居住区に帰って獲物を自慢する〝ギンバイ長〟と尊称が付くべテランもいた。

海軍では下級兵でも「長」を付けられると士気があがった。食卓番長、厠(便所)の管理責任者は厠番長。フネでいちばんエライのはもちろん艦《かん》長ではあるが…。

海軍では昼食づくりに最も力を入れる。主計科の腕の見せどころも昼食で最も発揮される。

その意味では一日三食（夜食を入れると四食）のうち豪華に見えるビフテキ、ハンバーグや少し手の込んだ和洋折衷となると昼食で食べることが多くなるが、付け合わせには野菜の煮物や酢の物、和え物など日本元来の料理が付き洋食一辺倒ということではなかった。士官室は別献立ではあるが、洋風のものが多いとはいえナイフとフォークで食べる今風のフレンチでもなかった（瀬間元海軍中佐著書『わが青春の海軍生活』）。

和食の続きになる。

フネの大きさや種別によって献立やつくり方も違いがあるが、約二〇〇種ある和洋取り混ぜた料理の中からメインになるもの（天ぷら、すき焼き、煮魚など）、添え物（煮物、酢のものなど）を順列組み合わせで予定献立をつくるからいくらでも変化のある昼食ができる。夕食はほとんど和食系。魚料理が多くなる。焼魚、煮魚に胡麻《ごま》和《あ》え、豆腐料理、野菜炒めなどから添え物が付く。食器の数が限られているので品数も少ない。

ということで、海軍の食事は、むしろ日本料理が主流だったと言ったほうがホントということになる。

〝男子厨房に入らず〟の主計長もいた

「男子厨房に入らず」――だれが、いつ言ったのか、出典の意味も知らずに「男たるもの台所なんぞには入るものではない」と解釈されることが多い。この古語の由来と真意は後述するとして、厨房には大いに関係のある主計科士官と兵食管理の話をする。

私が海軍主計科のことで多くのことを教わった経理学校出身者の代表に元主計中佐瀬間喬氏がいる。私と同郷の熊本出身の瀬間氏が海軍経理学校に二十期生として入校したのは昭和三年四月、卒業が六年十一月で少尉候補生として練習艦隊「浅間」で七年七月まで乗組み、ひきつづき潜水母艦「迅鯨」勤務となり昭和八年四月に海軍少尉に任官した。つまり、当時は海軍三校に入学しても少尉になるのに五年もかかっていた。

データ：兵学校、機関学校、経理学校の修業年限

海軍兵学校の修業年限は一般に三年だと思われているが、四年の時期もある。昭和七年四月入校の兵学校六十三、六十四、六十五期は四年在校で、機関学校、経理学校も兵学校と同じ修業年限（コレスという）ということである。

一年延長したり、一年短縮したりがあるので、海軍三校とも昭和十年には卒業生はなく、昭和十三年には六十五期と六十六期の二期分の卒業生が半年遅れで卒業した。海軍史を知るうえで付記した。

三年以上から四年修業は明治十八年から二十八年にもある。卒業を延ばしたり縮めたりは学校の都合ではなく軍備や国際情勢による調整だった。

その事例が大東亜戦争期の教育期間変更で、兵学校七十三期（昭和十六年十二月入校）は修業期間二年三ヵ月と二十二日、最後の卒業生七十四期も同等の二年四ヵ月に短縮となった。大正十一年の大幅な生徒削減は第三部で紹介する。

昭和十八年十二月一日入校の七十五期は一年八ヵ月で終戦を迎えた（戦後三〇年後に

「卒業」認定)。修業年限に長短はあるものの、海軍三校の人材育成と到達目標に若干差があったとしても、精神的基盤はしっかり根付いているところに教育レベルの高さが感じられる。また卒業には至らなかった僅か一年八ヵ月に満たない七十六期、約四ヵ月の七十七期、七十八期の機関学校、経理学校コレスの現在に至るクラスの絆や精神性にも驚嘆するものがある(注:コレスとはcorrespondence〈一致、相当〉の海軍式略語で海軍三校〈兵・機・経〉同期の意)。

男子厨房に入らず、の続きになる。

肥後・細川藩藩校が前身の熊本済々黌中学から海軍経理学校に入った瀬間喬氏はバンカラの校風で育った肥後モッコス気質だけにまさか経理学校で兵食まで勉強させられるとは思っていなかった。

熊本は「男子厨房に入らず」の気風が高く、子どものころ家の炊事場を覗《のぞ》いたこともないのに主計長は乗組員の食事の管理責任者、軍需部勤務になると艦隊乗組員の糧食(食糧と食料)の調達や配分も主計科士官の仕事になる。しかし、瀬間氏の育った環境から食材などの知識はゼロ。海軍士官だからフネに乗る—乗組員の飯はだれが作るのか—まさか自分がその責任者になるとは思ってもいなかった。経理学校で聞いて戸惑った。

肥後モッコスらしい小話がある。芥子蓮根を初めて食べた男が「大根によくたくさん穴を開けたもんだ」と言うので「そりゃ、蓮根バイ」と教えると、「蓮根にしてもよう穴ば開けトル」と強がりを言ったという。こういう意地っ張りを肥後モッコスという。瀬間氏は大根と蓮根の見分けくらいはつくが、魚となるとまるでダメ。案の定、その数年後の呉軍需部勤務のとき、納品される艦艇への糧食検査官として立ちあったとき、「ブリ」と書いてあるトロ箱の鮮魚を「ブク」と読み違えて、知ったかぶりで「ウム、今日のブクはなかなかいいぞ」と言ったら、業者が「ハイ、検査官、ブリでございますね」と丁寧な物腰で答えてくれたので恥をかいたという（瀬間氏著『わが青春の海軍生活』）。

それくらい食べものに無知識の青年が主計科士官だから業者も苦労する。瀬間大尉はそのあと缶詰の研究をすることもあり、奥さんから、「あなたはよく缶詰をいじくっておられるけどお役所（軍需部のこと）ではどんなお仕事をしてらっしゃるのですか？　お隣の助川さんのうちのお部屋には大きな世界地図が貼ってあります」と訊かれたという。「助川さんのうち」とは隣家の陸軍大尉の官舎で、奥さんどうしときどきお茶を飲んだりしていた。瀬間大尉、「それもそうだな」と糧食相手の仕事にうんざりしたという。

海軍士官は専門職域があって、艦艇乗組士官の職名には砲術長、航海長、水雷長、機関長、主計長などがあるように大きな専門別はあるが、それは兵

↑経理学校本校（築地）

←隅田川での短艇訓練風景

←戦争末期の経理学校橿原分校

学校、機関学校、経理学校の出身別を示すもので、部門別に担当する業務範囲はもっと複雑になる。

主計長の職務範囲は〝主計〟というように、まず会計経理をつかさどる主計官のような仕事が第一で、海軍経理学校も明治七年に発足したときは大蔵省の外郭のような「海軍会計学舎」だった。そのあと十九年に「海軍主計学校」となり、さらに改編で「海軍主計官練習所」という名称（明治三十二年）を経て、明治四十二年に兵学校に並ぶ教育機関「海軍経理学校」になった経緯がある。この変遷からも、経理学校を卒業したら部隊の食事管理まで担当するとは思っていないのは仕方がない。

実際、経理学校生徒の期間には糧食についての教務（授業）は基礎知識だけで、ほとんど実務的な科目はない。卒業後部隊等勤務を経て甲種課程学生（主計科士官の実務教育コース）となって専門術科の一つとして「衣糧」（被服と糧食のこと）も習うことになる。

しかし、主計科士官の間ではメシのことにあまり首を突っ込むのは敬遠された。

昭和初期から経理学校の士官課程でも栄養学や食品学が習得科目に入るが素養程度の中身だった。

あるとき、科目試験で「三大栄養素を記せ」という問題が出た。正解は多かったが、中に「窒素、リン酸、加里」と書いたのがいたらしい（昭和三十八年ごろ筆者が元主計兵曹盛満二雄氏から聞いた話）。畑の肥料と人間の栄養を一緒にしていた。どっちも肥しではあるが…。

これは極端な例だが、主計科士官には食事は下士官兵任せが多かった。烹炊所を一度も覗いたことのない主計長もいた。短現七期の小泉信吉主計大尉（小泉信三慶応義塾大塾長の長男。戦死）のように、父親宛の書簡に「ときどき烹炊所にも入って仕事を手伝いながら部下たちと話をするのもたのしいものです」とあるが、こういうのはまれだった。瀬間氏のように、好きではなくとも任務だとして熱心に糧食の研究改善に努力し、貴重な資料を遺した先人のおかげで日本海軍のロジスティクスの実態を知ることができる。

曲解されている「男子厨房に入るべからず」についても書いておかねばならない。「武士たるもの、女がする仕事などやるにあらず」と受けとったのが「日本男子たるもの」になったのかもしれない。江戸時代初期の儒教思想か知らないが、少なくとも戦国時代までは信長も秀吉も家康もロジスティクスとして兵食にも大いに関心を示した。いまでも禅宗寺院に代表される食の準備を与かる役職〝典座《てんぞ》〟のように重要な仕事がある。

さらにウンチクめいたことを書くと、「男子厨房に入らず」は、孟子が君主たる者への道を説くに「君子之於禽獣也…（中略）…是以君子遠包厨也」――大事なところを中略したが、「徳のある人間は牛馬豚鶏が食用として殺されるような場所（厨房）には近づかないほうがよい。人間の犠牲になる生きものを見て哀れを感じ、食べづらくなるようでは国を治めることはできない」といった意味（筆者の意訳）がホントのようである。少なくとも、「男は炊事などやるものじゃない」は本来の意味ではない。食べ物を大切にし、厨房にも関心を寄せるのが望ましい〝男子〟――これが「男子厨房に入るべからず」の真意らしい。

主計科士官の栄養学知識は？

前項で経理学校試験問題の三大栄養素〝チッソ、リン酸、カリ〟の珍答案のことを書いたが、その続きのようなことを書く。

三大栄養素（たんぱく質、脂肪、含水炭素）やこれにビタミンと無機質を二つ加えて五大栄養素というが、そういう栄養学が解明されたのは大正時代後期のことで、明治中期に兵食改善で海軍将兵の脚気を追放した日本海軍が兵食の栄養管理に着眼して主計科下士官を栄養学校へ国内留学させた話は前記した。

そこまではいいが、兵食管理の責任者は主計科士官にあると言っても、当の主計士官たちの栄養学の知識は乏しいもので、実際の栄養管理は行き届かない。大東亜戦争中には再び部隊によっては脚気が再発することもあった。大型のフネには軍医長もいるので主計長の責任とばかりは言えないが、健康管理に最も影響する日常の食事の監督責任は主計長にある。山本五十六連合艦隊司令長官が戦死したときかなり重い脚気に罹《かか》っていたというアメリカの医学者の戦後研究があるが、これは南方では米だけは現地産米が比較的楽に調達できたのがアダとなって白米の過食だったという推測になっている。ビタミンを補う副食が欠乏していたという理由である。

いまでも、一般国民は栄養とはなにかはなんとなく知ってはいるが、バランスのある栄養摂取方法や効率的栄養素の取り方、つまり栄養学になるとほとんど無知に等しいと私は感じる。サプリメントとか言ってやたらな栄養補給剤などを習慣的に飲用している者もいるが、基本的なバランス栄養は日常の食生活（栄養学では口経食という）から摂るのが大事である。
時代が海軍時代から大きく下がるが、現在の海上自衛隊では医療職技官として採用された専門の栄養士が配置されており、栄養計算された基準献立によってつくれば部隊でも栄養バランスのとれた食事ができるシステムになっている。ここが昔の海軍とは大きく違うところである。調理方法は部隊個別の工夫なのでできあがりに差が出るところに競争心も出てくる。現在の海自カレーがそのよい例である。

むかしの主計長に相当する護衛艦の補給長もやはり栄養学の専門的知識はゼロに近い。筆者のように、もともと栄養士の資格で海上自衛隊に入って、その後転身して一般幹部候補生として江田島の候補生学校に入った経歴の者はめずらしく、そのころ上司から「幹部になっても経歴や資格があるからとあまり給食にかかわっていると補職（配置）が限定されるから気をつけたほうがいい」とアドバイスを受けた。

三大栄養素とは…

しかし、戦後誕生した海上自衛隊では旧軍の教訓が活かされていて昔の主計科士官のような偏《かたよ》った配置勤務がないように留意したようだ。海上幕僚監部人事課は、私を防衛大学校訓練教官や艦艇補給長、学校教官、航空部隊司令部や海幕人事課、護衛艦隊司令部幕僚等、とても栄養士として入隊した者とは思えないいくつかの大事な配置経験をさせてくれた。海軍の良い伝統の一つだと思っている。

単身赴任での実例を紹介する。

一般国民の栄養知識はいまでも差があるが、間違いや思い込みもある。昭和四十年ごろの話である。幹部隊員の単身赴任が増え（昔から士官は単身赴任が多かったが）、困るのは食事。四十年代といえばまだスーパーも発展していない。奥さんが主人を送り出すに当たって「卵だけはしっかり食べて」と言ったのかどうか、奥さんもあまり栄養知識はない。旦那（三等陸佐）は言われたとおり朝夕卵をしっかり食べたらしい。どんな食べ方をしたのか知らないが、一日に一〇個以上、あまり料理法は知らないから朝はタマゴご飯、夕食は卵焼きだったかどうかわからない。とにかく毎日食べた。

数ヵ月したら目がかすんで頭痛もするようになった。栄養学に疎《うと》い人間のはかなさでビタミン不足かも、と総合ビタミン剤を買って寝る前に服用したりした。目ヤニがひどいのでたまりかねて勤務する部隊（仙台）の自衛隊病院（仙台市宮城野区）で診察してもらった。診断は「ビタミンA過剰摂取による障害」だった。昭和四十六年ごろ防衛大学校勤務のとき同室の陸上自衛官から聞いた。医学的には、鶏卵一日五個くらいまでなら摂取は問題ないらしい。ちなみに、日本では一人分の卵といえば一個単位であるが、アメリカ人は一人二個である。米軍のギャリソン・メニューのレシピを見るとHam EggsとかPoached Eggsとなっている。

ついでに言うと、鶏卵は確かに栄養価値の高い食品で、ビタミンA含有量も多い。ビタミンAが不足するとトリ目（視力低下）になると昔から言われている。戦争中期の日本陸海軍では南方戦場での夜戦に備えてビタミンA（カロテン）を多く含むサメやタラ、エイの肝臓や眼球を原料にした肝油を夜戦の前に兵士たちに飲ませた。これを「猫の眼作戦」と称した。猫は夜のほうがよく見えるという言い伝えからネコも研究したらしい。服用後に二時間もすると実際に人間も一時的に夜間の視力が高まるらしい。戦争末期になると覚せい剤まがいの物質も軍にあって、戦後闇市などで出回った疑惑もあった。

この研究の土台はかなり前から海軍でもあり、海軍経理学校発行の『主計会報告』（昭和十年発行）に主計科士官井川一雄少佐の「南方作戦と給糧」と題する研究資料ほか当時の研究にもその前兆が窺われる。魚屋の店先には目のない魚が多かったという伝説まである。

専門的になるが、鶏卵に多いレチノン酸（ビタミンAの代謝物質）が体内でレチノールに変化しビタミンAの効果を発揮する。しかし、脂溶性ビタミンは過剰すると前記の陸上自衛官のように逆に眼に異常を来たし、頭痛や肝臓障害を招くらしい。単身赴任には基本的栄養の知識と簡単な手料理くらいは習得しておくべきと思った。

これもある幹部自衛官の例である。自分の誕生日がきた。赤飯でも炊いて祝おうと、赤飯には小豆—そこまでは知っている。もち米に小豆を混ぜて炊飯器で炊いたが小豆はシワができたくらいで固くて食べられなかった。小豆は先に茹でておくものだと知らなかった。奥さんに電話したら「バカねぇ」と言われたらしい。ウソのようなホントの話である。防衛大出身のエリートでもそういうことがある。

兵学校七十五期といえば入校後一年八ヵ月で終戦を迎えた青年たちだったが、多数の生徒が戦後自衛官となった。これも防衛大でのことだが、七十五期の某二等海佐が大隊事務室の棚に置いてある空き箱を指さしながら、「アカメシと書いてあるけど、何かね?」と訊かれたので「赤飯ですね」とは答えたが、近くにいた二等海曹と顔を見合わせながら互いに驚きの表情をした。戦争末期の兵学校では赤飯も出なかったのかもしれない。実直な人で、在職中は家族を高知に置いて三〇年以上、最後まで単身生活で自炊を続けた人だった。

やや本旨と離れたことを書いたが、もう少し海軍時代の栄養管理の続きとして現在の自衛隊との違いを書いておく。

自衛隊時代の隊食と栄養管理

栄養や料理の基礎知識が必要なこと言いたくて余分なことを書いたが、戦後誕生した海上自衛隊では海軍時代になかった主要基地への栄養士配置で自衛隊員の栄養管理が向上した。海上自衛隊発足後に採用された栄養士には女性が多く、部隊では珍しがられ〝カロリーねえちゃん〟と俗称されたりして熱エネルギーの計算ばかりして、味は二の次という印象を持たれたりしたが、さらに昭和三十七年、栄養士法の一部改正で管理栄養士制度ができて活躍の場が高まった。後年(昭和五十年代)、私は二年ほど海上幕僚監部の衣糧班長という海上自衛隊栄養士の総元締めのような配置にあって各基地の栄養士を指導監督する立場にあったので一念発起して栄養学を一から勉強し直し、新たに解明された事項を覚え、管理栄養士の国家試験受験に挑戦した。追い詰められると人間、よくしたもので激務の傍《かたわ》らの受験勉強だったがなんとか管理栄養士免許も取得できた。

衣糧班長は自衛隊員の栄養管理の責任者だったが、そのあとの異動が発令された先は呉の陸海空統合部隊の燃料補給廠（貯油所）で、今度は艦艇やヘリコプターに供給する燃料の管理部隊責任者となった。どちらもむずかしさがあるが、やはり人間の〝燃料〟管理のほうがむずかしいようだ。

揚陸指揮艦ブルー・リッジ（19,177トン）第七艦隊旗艦として横須賀に配備。2020年11月には就役50周年を迎えた米海軍艦最長齢艦

自衛隊員の食事を通じた「燃料＝栄養管理」は隊員の健康維持が第一である。余分に太らせてはいけない。そうかといって食欲が出ないような不味《まず》い料理を意図的につくるというわけにはいかない。個人的には、いくら食おうが、それは本人の自由といわれるとそうではあるが、自衛官がやたらに太っていては精強な部隊は維持できない。現在の自衛隊の栄養管理の難しいところである。いちばんいいのは、自衛隊員にも栄養知識の基礎教育をして、自己管理の基礎知識を高めるのがよいのだが、実際にやるとなると、だれがどこでいつ教えるか、むずかしさがある。

日米共同訓練での譬《たと》えになるが、私が護衛艦隊司令部監理幕僚のときの記憶である。

終始緊張する場面ばかりでなく、通常航海に似た行動で、少し距離を置いて並走することもある。そういうとき旗艦ブルー・リッジやほかの米艦を見るとたいてい誰かが上甲板上をジョギングしている。非番隊員の、「太らないため」の自主トレだと知った。共同訓練を終えて佐世保での合同懇親会でジョギングの理由を教えてくれた。米海軍では太り過ぎるとフネを下ろされるからと言っていた。体形コントロールは個人の責任で、「自分の体重もコントロールできないで軍務が務まるか！　とコマンダー（指揮官）から言われている」とある少佐が言っていた。

米海軍軍人にとって栄養とかダイエットとは痩せることらしい。米海軍のこの脅し文句がホントかウソか知らないが、「太ったらフネを降ろされる」は効き目がありそうだ。しかし、今ではパワーハラスメントになるかもしれない。

海上自衛隊でも太りすぎたら潜水艦の丸ハッチ（構造、寸法は秘匿）通過や航空機の搭乗に差し支える。近年の海上自衛隊でも隊員の肥満防止が課題になってきた。

私自身は長年栄養学の知識を実践に応用しているので数十年前から同じ体重（七二キロ）を維持している。難しいことではなく、摂取エネルギーと消費エネルギーのバランスと栄養素の適切な摂取で、過食はとくにいけない。多少の我慢と忍耐は要《い》る。

栄養学からみれば、日本の食材にはよいものが多い。シジミ（蜆）の味噌汁など日本独特の健康料理である。シジミは肝臓によいとか「土用蜆は腹ぐすり」と昔からいわれているのも日本人の経験から生まれた知恵だろう。サプリで販売されているシジミに関連させたオルニチンというのは栄養学では習ったことはないが、日本の自然食品には栄養価の高いものが多い。

日本食と欧米食の違いを栄養学研究の立場からもっと探りたくてよくアメリカへ行く。アメリカ人の食生活の実態から肥満原因を考えるのが分かりやすいと思い、海上自衛隊定年退職後これまで二五年の間に一五回以上レンタカーでアメリカを走り回った。走行距離一一万キロ以上、北米本土はほとんど隅々まで、とくに都会地ではなく穀倉地帯や山間部、海岸地帯など踏査（？）した。食生活の現状もかなり修得できた。

人種や生活習慣の差はあっても、いまのアメリカ人の食生活は平均的に同じものである。つまり、大食い、栄養アンバランスで、先住民族もむかしのようなトウモロコシや豆ではなく白人食が普通になっていて兵役での食習慣がそのまま持ち込まれた食事になっている。馬に乗ることもなく、どこへ行くにも車で、運動不足。モニュメントバレーなどのツアーのジープを運転するのもきつそうな肥満形である。

アメリカ西部先住民居留地でとくに目立つ男性の肥満。兵役での食習慣が退役後そのまま続くからともいう

しかし、一度定着してしまった食習慣は普通の人間にはなかなか元に戻せない。知力と強い意志が必要である。

アメリカは医学的な栄養処方研究は進んでいて、国民の日常の食生活には適用できないスポーツ選手や映画俳優などはその道の専門家にダイエット処方をまかせることがある。

男優ロバート・デ・ニーロの主演映画に『レイジング・ブル』(一九八〇年、ユナイト作品)というボクサーがトレーナーになるまでの実話をもとにした主演映画で、試合に明け暮れる選手時代とトレーナー時代を描き分けるため体形を変えるのに後半の撮影では二七キロ体重を増やしたという。アメリカのコンサルタントもさることながら本人の役者根性がないと真似できない。

映画『マディソン郡の橋』(一九九五年、ワーナー作品)では主演女優のメリル・ストリーブ(撮影当時四五歳)が役づくりのために六キロも増量してふっくらした魅力的な農家の主婦を演じていた。ダイエット・コンサルタントの厳しい指示で撮影前の四ヵ月間に無理して高カロリー食をしたらしい。クリント・イーストウッドでなくてもほれぼれするくらい若々しく見えた。すぐに元に戻せるところにさらに驚きがある。

六年前と二年前、アイオア州中央部のデ・モイン(Des Moines)という田舎町(『マディソン郡の橋』の屋根付き橋の近く)を二度も走りながらメリル・ストリーブを思い出した。どこまでも続く広大な穀倉地帯である。アメリカの食糧生産は無限に見える。

日本でも俳優は役者根性がある。NHK大河で『西郷どん』を演じた俳優鈴木亮平は身長一八六センチで撮影開始時は体重七七キロ、西郷の晩年を演じるときには一〇〇キロ近くまで増やしたという。そういう目で映画、テレビを観るのも私のように栄養学研究者には別の興味がある。六十五代横綱だった貴乃花光司氏が引退直後のインタビューで、いちばんつらかったのは？　と訊かれて、「稽古よりも、毎日たくさん食べないといけなかったこと」と答えていた。これも横綱根性といえる。

太る例を挙げたのは、痩せるだけがダイエットではないことを言いたかったからだ。私の栄養知識と理論から言えば、痩せるほうが簡単であるが、ボクシング選手のように毎日が減量との闘いという職業もある。元世界フライ級チャンピオン白井義男選手（大正十二年生まれ）は戦争末期に海軍に召集され海軍航空隊で零戦などの整備員として勤務した。戦後ボクシングに復帰しフライ級（一時バンタム級も）王者になったが、コーチのカーン博士の減量指導は厳しく、水一杯でも管理されたという。水洗便所を見ると便器に顔を突っ込んで水を飲みたいくらいのこともあったと何かの雑誌の談話を読んだことがある。

世間には「痩せたい」願望者が多いようだが、ようするに、知識不足と意志の弱さで必要以上に食べるからである。ただ「痩せたい」と思うだけではダメということである。

軍隊の兵食の管理責任者である海軍の主計科士官たちも栄養学の基本知識は持ってはいなかったことを言いたくて少し脇道にそれた。

士官の食費は自己負担となった背景

海軍の食生活について訊かれる中に、「士官は下士官・兵よりもいいものを食べていたと聞いていますが…」とか、「士官は一般兵の食費をくすねていたのでは…」というのが多い。素朴な質問であり、いいものを食べていたことはホントのところもある。「そうです」と答えてしまうと誤解が大きくなるのでわかりやすく説明するように心がけている。

「下士官・兵は、食事も俸給の中に含まれていました。つまり食べても食べなくても給料には変わりはないのです。士官は海軍がつくられたときから給与体系が下士官兵とは違っていて、自分たちで食費を払うので材料は別購入していたんです。食費に限度がないから高価な食材でも食べることができたのです。司令官などはよく来客があって昼食を出すこともありますが、その食事代は司令官のツケになっていました。それを考慮して指揮官には多少食卓料が付加されていたようです」

そういう説明の仕方をしてはいるが、やはりわかりにくい。ホントのことを語るには日本海軍の成り立ちから話さなければならない。

日本海軍の食事は幕府時代の藩政の家臣団の扱い方を踏襲した。禄（石高＝基本給）をもらう家臣は戦のときには基本的に食事も自弁が当たり前だった。足軽以下の下級者や臨時雇いの雑兵たちは藩主がその面倒を見る——いくらかの手当を与えて食材を自分で調達するという方式である。

ただ、その実態は藩によって違いがあり、よくわからない。戊辰戦争の最後の戦いとなる箱館戦争に至るまでの幕府方の軍艦では千代田形軍艦乗組員などどのような食糧補給をしていたのかわからない。いわゆる軍隊としてもロジスティクス態勢というのは整っていなかったというのが想像されるところである。幕府海軍ができたとき（実際に「幕府海軍」という組織名称はなく、軍艦を持っていたいくつかの藩から成る海軍集団）幕府の一般的慣習をほぼそのまま日本海軍に取り入れたということだったから、まとまった戦備態勢はないのが当然かもしれない。

データ：幕府海軍軍艦千代田形

幕府軍艦（砲艦）千代田形、138トン。大きく見えるが全長わずか31メートルの小型艦で調理設備などはなかったと思われる

徳川幕府最初の国産蒸気砲艦。文久二年五月起工、慶応二年五月竣工（石川島造船所建造）。江戸・大坂湾防御目的で量産を計画、のちの日本海軍の「○○型」のような同型艦を造る意味で千代田形と命名されたが戊辰戦争、明治維新で後続艦はなく一隻で終わった。トン数も小さく（一三八トン＝咸臨丸の約四分の一？）、乗組員も三五名で、軍艦としての性能にも不確かなところが多い。

戊辰戦争での行動は多様で、幕府軍の敗退色濃くなった慶応四年八月には幕府軍軍艦として品川沖を脱出、複雑な経緯があるが、十一月十一日に箱館港に入港、明治二年三月の宮古沖海戦では箱館で新政府軍に応戦する。その後座礁や新政府軍の捕獲に遭い、維新後、艦名千代田形のまま新政府軍所属となった。

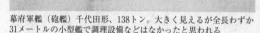

その後、築地に創建された海軍兵学校保有となり兵学校生徒の練習艦となった。千代田形の生涯は数奇で、海軍除籍となったあと、日本水産(株)に貸与、明治四十四年に解体された。

そうなると、幕府軍艦で手掛かりになるのは咸臨丸しかない。咸臨丸の渡米のときは試行錯誤もあって乗組員全員の食材費用を幕府が担ったらしいが、新政府ができたとき、食費をどうするかは急を要する検討課題になった。

「咸臨丸では海が荒れていてせっかく積んだ食材もほとんど食べなかったようだが、食う食わないはともかく、少なくとも兵卒の飯代は国が面倒見るべきではないか」―だれが言ったかわからないが、そんな発言もあった。「しかれども、我々、古くは禄を頂戴していた武士は食費くらいは自弁すべきではないか。士官たる者、それで兵卒への示しもつこうというものではござらぬか」

明治四年だから、もう御座る、ござらんもないが、そんなことだった。陸海軍とも意見は一致したが、海軍は大英帝国の軍政を手本にしていたから、多分にイギリス海軍の影響―基本的に士官は貴族の出自、乗組員、とくに水夫はそこら辺からかき集めたり、拉致まがいに拘束し、期限付きでフネに乗せるのでメシぐらいは国で面倒をみる、それも粗末な食事だった。日本海軍の士官と一般兵の食事の成立ち、食事代の管理の違いにはかように複雑な歴史背景がある。簡単に応えられない理由とはそういうことである。

ついでに現在の海上自衛隊の食事管理はどうなっているのか、自衛隊員でもよくわかっていないホントの話を付記しておく。

海上自衛隊の艦艇（水上艦・潜水艦等）乗組員にも幹部と海曹士という、昔の士官と下士官兵に似た身分の違いはある。しかし、いまは食事内容に差はなく、艦長から二等海士まで同じものを食べている。なぜか？

それは防衛省や海上自衛隊の法令とは関係なく、国土交通省令で定められたものなのである。「えッ！　ウッソー！　…護衛艦や潜水艦の食事がどうして国土交通省で決まってるのォ？」と言われそうであるが、ホントである。

現在は行政改革で業務が整理・統合されて国土交通省が統括する法令（昭和二十二年、運輸省）に「船舶所有者は、船員の乗組中、これに食料を支給しなければならない」（船員法第八十条）がある。船主は乗組員に一日三食の食事を保証するという意味である。食料とは食事代という意味にもとれるが、フネの上で現金を貰ってもスーパーやコンビニがあるわけではないので買って食うわけにはいかない。つづいて「第一条の規定による食料の支給は、遠洋区域若しくは近海区域を航行区域とする船舶で総トン数七〇〇トン以上のもの又は国土交通省令で定める漁船に乗り組む船員に支給する場合にあっては、国土交通大臣の定める食料表に基づいて行なわなければならない」となっていて、第四項に「食料の支給を適切に行なう能力を有するものとして国土交通省令に定める基準に該当する者を乗り組ませなければならない」とある。自衛艦での食事づくりを担当する専門職（給養員という）が配員されているのもこの理由による。

乗組員の食事はこういう法令のもとで支給されているのであって、幹部も海曹士の区別はなく船主（海上自衛隊の場合は政府）がその面倒をみるという単純な根拠に基づく。

単純でないのはその他の陸上で勤務する陸海空の隊員の食事で、営舎内居住と言って、隊内での生活が義務づけされた独身隊員などはほかに食べるところがなく、いざというときに真っ先に出動することになるので、給料の中に含めた〝ただメシ〟のような部隊内給食になっている。ホントはただメシではなく、軍隊としての備えのための施策である。警察官の任務と似てはいるが営舎内居住や二四時間勤務態勢は自衛隊特有のものであり、警察庁や警視庁と同じに考えるわけにはいかないのが自衛官への国家保証である。

この海軍の食事のはなし、一般読者には何の役にも立ちそうにないが、海軍の成立ちを知ってもらう上で記した。少なくとも、「むかしの海軍では、士官は下士官兵よりもいい食事をしていた」とか「士官は兵食のいいところを横取りして食べていた」という誤解だけはしないでもらいたい。

海軍はどんな酒を飲んだ？

一転して、海軍での酒の話になる。

海軍はよく酒を飲んだ―と言われることがある。明治や大正時代の海軍を見た人は今ではいないので、昭和時代の話なのだろうが、どこの国にもまったくアルコールを受け付けない下戸もいる。海軍にもいたから皆飲んでいたというのは正しくない。

拙著『海軍と酒』（二〇一六年初版単行本、二〇二〇年六月文庫本、潮書房光人新社）にも書いたが、広島護国神社での例祭のあと兵学校七十三期の志満巌氏（九五歳）と二人で歩いて帰る道すがら酒の話に及んだとき、「全く飲めない者もけっこういましたよ」と言っていた。「けっこう」というのがどのくらいかわからないが、みんながみんな酒を飲んでいたわけではなさそうだ。

とは言っても時代の違いで、一歩外に出ると乱暴な飲み方をする者もあった。海軍式芋掘りとも呼ばれ、一種の憂さ晴らしもあった。

現在の自衛艦では乗組員の艦内飲酒はできないが、旧海軍では大英帝国の生活習慣を倣ったからか下士官・兵でも夜の巡検が終わると「巡検終わり。明日の日課予定表どおり。煙草盆出せ、酒保《しゅほ》開け」という号令で一日の終わりのひとときを過ごすのが普通だった。酒保というのは、字のとおり「酒を保有」する艦内売店のことで、乗組員の福利厚生施設である。売店といっても広いスペースではなく、客（乗組員）は伝票で品物を貰い、給料で差し引かれるという、これこそコンビニエンス・ストアの発祥といってもいいくらい〝便利〟な店で、どのフネでも繁盛した。ツケだから乗員は金額を気にしない。翌月の給料の手取りはいくらもなく、分隊長が酒保買いを控えさせた話（昭和十三年ごろの佐世保の某艦）もある。酒、たばこ、甘味品、ラムネ、フンドシ、便箋、切手、日用品は何でもそろっていた。日用品とも言えないがゴム製品も大事な商品だった。上陸時の必携私物（？）だった。

下士官・兵たちの酒といえば、筆頭は清酒。明治時代は樽酒の量り売りだったが大正期から瓶入りも買えるようになった。ビールが今のように缶ビールだったらもっと販売拡大できただろうが、下級兵は瓶ビールを一人で飲むわけにはいかず、ほとんど清酒だった。清酒といえば呉の千福と灘の大関が人気で、とくに千福（三宅酒造）は呉という地の利と長期保存技術の研究実績で名を高めた。大関は日本海海戦を前にして明治天皇が艦隊に賜ったいわれのある菊正宗、ビールは東海鎮守府が横浜にあったころの縁で麒麟麦酒、ウィスキーはジョニ黒から〝マッサン〟のサントリー、昭和のニッカまでよく飲んだ。焼酎やラム酒はあまり縁がなかったようだ。

ようするに、海軍では下戸もいたが、一般に士官も下士官兵もよく酒を飲んだとは言える。戦後の海上自衛隊はアメリカ海軍を模範にしたため艦内飲酒は出来ない。戦後海上自衛隊ができて（昭和二十九年七月）まもなくのこと、アメリカ海軍から、「USN（米海軍）を見習ってくれたのはいいが、MSDF（海上自衛隊）がひとつだけバカなことを採り入れた。艦内飲酒禁止こそ米海軍のもっとも愚かな規則である」と言ったとか。

アメリカでは一八四〇年代から州によって禁酒運動が広まっていたが、一九〇〇年代初期にウィルソン大統領による禁酒法発令で海軍長官ジョセファス・ダニエルズが海軍での飲酒を全面禁止した。ダニエルズ長官は海軍のいい改革もやっているが、この禁酒令だけは禁酒法が解かれてもそのまま残ったため、いまでもダニエルズは「クソ長官」と米海軍ではその名をとどめている。ダニエルズ自身がもともと禁酒主義者だったのが米海軍の不幸だった。酒には効用もある。飲み方次第ではあるが、むしろ効用も多い。

筆者の母校佐伯栄養専門学校の校主佐伯矩博士があるときの講義で、「米を酒造りに使うのはもったいないとか、農産物への冒涜であるとか、酒は社会悪だとかいう意見もあるが、それは違っている。酒は人間生活の潤いであり、社会的にも役立つところが多い。禁酒時代のアメリカのように、国家として酒を禁断とするとかえって社会が乱れる」とアル・カポネの例を出してわかりやすい説明をしてくれた。

この話にも、近年の日本でその裏付けが証明されるような試算がある。発表したのは厚労省科学研究班で、二〇一六年に「飲酒は国民の健康、福祉にも影響するところが大きく、アルコール依存症や飲酒運転による社会的コストは酒税収入の約三倍かかる」ということで、酒税を安くすることで飲酒を野放しにしたり、禁酒で密造酒がはびこるよりも適切な税率でアルコール飲料を国がコントロールすることが大切だ、という意味にとれる。

国税庁や厚労省が喜ぶようなことを書いたが、そういうつもりはない。『海軍と酒』の再販本のあとがきには、くどいようだが「酒は飲むべし、飲まれるべからずが大事である」ですむんだ。むかしは酒に強いのは自慢（？）だった。宴会では無理して飲んでみせたりした。大学生の一気飲みなども馬鹿げたことで近年は酒に強いのは尊敬にも価しない。といってもまったく酒が飲めない人間とは付き合いたくない。佐伯博士の身の回りの世話をしながら学校職員の仕事をしたが、佐伯博士自身は、普段酒は飲まなかった。

私は栄養学校卒業後、学校職員としてそのままとどまって勤務したので、世界的栄養学者の人類とアルコールの関係論はいまだにはっきりと覚えている。

陸軍航空の草分け・徳川好蔵大尉と日野熊蔵大尉
代々木原で明治43年12月29日。国民新聞

飛行機の誕生で航空食開発の苦労話

飛行機が急速に発達したのは日本でいえば大正初期のほんの数年の間だった。
ライト兄弟が初飛行したのが明治三十六年（一九〇三年）—日露戦争の前年だった。まだ草分け時代のさらにその前であるが、筆者の郷里熊本県人吉出身に日野熊蔵という陸軍航空の先駆者がいる。陸軍士官学校卒業（明治三十一年）のあと、日露戦争終結後ごろから飛行機への関心を高め、徳川好敏大尉とともに試験飛行、改良を重ねて日本での軍用機発展に貢献した。軍用機開発は陸軍のほうが海軍よりもすこし早かったことになる。

ここでは海軍の航空食のことを書くのがテーマであるが、日本の航空機開発にたずさわった最初の飛行家が筆者の郷里出身者だけに陸軍航空のことにふれた。海軍航空発達と航空弁当開発の歴史をサワリだけ記す。大正元年十一月二日に横浜沖で観艦式が行なわれた。大小の艦艇とともに、このときはじめて海軍の飛行機（水上機）が飛んだ。購入したばかりのアメリカ製カーチス機とフランス製ファルマン機の二機で、わずか一五分だけだったが、二年後の大正三年には第一次大戦で日本海軍機は陸軍機とともに青島のドイツ基地を攻撃するという急進歩を遂げた。

このときは早くもドイツ機と空中戦も演じた。紐で吊った爆弾をナイフで切って落としたり、布製の複葉機の翼を破いたほうが勝ちで、手でレンガを投げつけたりする戦法だった。

大正五年には海軍に航空部隊が誕生し、霞ケ浦に航空隊が開設された。このころは、将来空中で食事をするようになるとは考えてはいなかったが、すぐにその対策を必要とする時期が来る。飛行機の性能アップで長距離飛行に挑む国が増え、大正十三年には陸づたいや島づたいの飛び石ではあるが西洋先進国が記録を競った。イギリスのマクラレン少佐の世界周航飛行をはじめ、数名の飛行士が挑戦した。

八九式艦上攻撃機。昭和４年（皇紀2589年）計画で３年後に三菱重工が作製した３人乗り攻撃機。空母搭載機のさきがけとなった。機上食も必需時代となった

当時の空の上は吹きさらしのように寒い。零下の環境で食べることになる。フランスのベルシュドアジーという飛行士の来日飛行（大正十三年）での機上食はサンドイッチ、冷肉、固形スープ、コーヒー、バナナなど、同じ年に少し遅れて来日したイタリアのビネード中佐はビスケット、缶詰肉のほか濃縮スープ、果物ジャム、コニャックなどを積んで飛んでいた。

日本海軍では主計畑の士官がこの二年前ごろから将来を予測して機上食の研究をしていた。フランスやイタリアから飛

んできたパイロットの食事を調べたが、サンドイッチやビスケットで日本人飛行士には向いていないのがわかり、独自の研究を始めた。

よく知られるリンドバーグの単葉単発単座プロペラ機によるニューヨーク―パリ間無着陸大西洋横断は一九二七年（昭和二年）五月だった。三三時間半かかったリンドバーグの機上食はサンドイッチ四つと水筒二本分の水だった。

路線を就航させた日本の民間航空便の草分け日本航空輸送（株）（現在の日航とは異なる）は昭和四年に東京―大阪、福岡―蔚山などの路線を設置したが、搭乗前に食事が出るものの飛行中の機内での飲食物サービスはなかった。

海軍でも航空機開発は急進歩した。八九式艦上攻撃機が製作されたのは昭和四年、その数年前から主計畑では航空弁当を研究していた。

昭和四年に日本海軍の主計畑で研究した「航空糧食」という研究資料が『昭和十年の『主計会報告』という経理学校発行の定期刊行物にある。

書いているのは経理学校八期（大正八年十月卒）の加藤勲主計少佐で、二時間以上飛ぶには機上食が必要であること、上空では気温が低いだけではなく、異常環境のため消化吸収も地上のようにはいかないこと、操縦中は広げて食べるようなことは出来ないので、片手で、一口で、こぼれないように、また噛みやすい食材で、しかも食べても満腹感があり過ぎると緊張感を欠くのであまり消化がはやくなく、喉に渇きを覚えないようなものがよい、と相反するような条件が書いてある。

これでは何を作っていいのかわからなくなるが、海苔巻なら、かんぴょう巻や鉄砲巻のようなものがよいとしてある。鉄砲巻とは鉄火巻のことか、銃身のように細く巻いた海苔巻という意味だろう。「稲荷スシ、サンドイッチは成るべく小型に、乾麺麭は陸軍現用牌型の如き小型を適当とす（乾パンのことは前に書いたので省略するが、陸軍式乾パンの流用を勧めてある）。

海軍主計畑の知恵者が先んじて研究したように、日中戦争が始まるとホントに飛行中に腹が減ることがあった。飛行士（パイロット）たちの嗜好も反映させ、海苔巻、稲荷寿司、サンドイッチ、クリームパン、ジャムパン、砂糖入り乾パン・ビスケット、大阪寿司（バッテラ）、小形の握り飯などが実用弁当となり、飲みものには日本茶、珈琲、紅茶甘酒、ラムネ、カルピスなど、おやつとしてチューインガム、ドロップ、ウィスキーボンボン、水あめなど多様な食品が実用になった。ウィスキーボンボンもいいが、ウィスキーやブランデーをそのまま積んでもらいたいという飛行士の注文もあった。その言い分が面白い。「水気のあるものはすぐに凍ってしまって始末が悪い。その点ウィスキーはどんな上空でも凍ることはない。よって、これを強く要望するものである」と正面切って要求されると「ホントかな」と思う前に、何とか叶えてやりたいと思ってしまう。飲酒操縦もあったのかもしれない。魔法ビンに温かいお粥を入れたものは好評だった。ボタンを押せばふたが開く魔法ビンや、口でひもを引っ張るとふたが開くものが考案された。

航空部隊では飛行士は神サマで、神サマの要求には振り回されることもあるが、主計畑は要求を満たすため最大の努力をした。そのおかげで機上食も向上した。だいたい日本人はメシに対する要望や不満が多い。西洋人は与えられるものにはあまり文句を言わないで食べる。逆にそれでは進歩がないとも言える。西洋海軍にグルメがないのはそのせいかもしれない。

空母「鳳翔」に初めて飛行機が着艦したのが大正十二年三月で、吉良俊一という飛行士だった。一回目は失敗して海から這い上がってきたが、吉良大尉はもう一度やると言って聞かず、東郷平八郎大将など海軍の重鎮が見守るなかで再度挑戦し、今度は見事に着艦した。飛行機の性能アップと空母の誕生で航空弁当も必要になった。

時代が飛ぶが、大東亜戦争になると戦闘機も弁当持参の出撃が多くなった。昭和十六年十二月八日(ハワイ時間七日)の真珠湾攻撃のときの搭乗員は出撃二時間前には艦内で朝食を済ませていた。空母「瑞鶴」の献立は、鉄火巻、卵焼き、煮しめ、果物などで弁当づくりではなく勝手に食べるように夜中から準備されていた。艦の乗組員には同じメニューで弁当、攻撃後帰艦する搭乗員には応急食として握り飯弁当も用意した(鈴木大次郎主計大尉「布哇作戦ニ於ケル衣糧関係戦訓」)。

海軍では化学調味料を使ったか?

ここで化学調味料の話をするのは唐突かもしれないが、これを発見し、商品として開発した二人の功労がちょうど前項の飛行機発展の時期と同時期だと気づいたからである。

しかも、この二人の出自が薩摩や横須賀に縁が深いこともわかったので、多少こじつけみたいな―ウソとホントが入れ混じったようなところもあるが、それを承知で読んでもらいたい。

昆布のうまみに着眼し、化学的にその旨味成分を抽出したのは元薩摩藩士の次男池田菊苗という東京帝国大学教授である。昆布に独特の旨味があるのは子ども時代から気付いていた。薩摩藩士の子（元治元年生まれ）といっても子ども時代は京都で育ったというから親に連れられて南禅寺か嵯峨野の湯豆腐でも相伴したのかもしれない。子どもの年齢で豆腐の味がわかるとはやはり普通の子どもではない。親のほうも立派である。子どもをファミリーレストランやハンバーガーショップへばかり連れて行くようではダメのようだ。

化学調味料グルタミン酸発見者池田菊苗博士（右）と商品化した家鈴木三郎助（左）。池田は元薩摩藩士の子、鈴木は葉山生まれ、横須賀で事業に取り組んだところに海軍との縁が感じられる

池田博士は三〇キロ以上の板昆布を実験材料に、奥さんに手伝わせて切ったり刻んだり…苦心の末に抽出したのがアミノ酸の一種のグルタミン酸ナトリウムだった。

抽出した結晶を商品化できないかと相談した相手が、葉山生まれで、若いころ横須賀（浦賀）の米問屋に奉公し、次第に事業家として名をなしつつあった鈴木三郎助という商人だった。三郎助の子ども時代の葉山海岸は海水浴で賑わうようになり、その前から葉山海岸で獲れる海草（アラメ、カジメなど）を焼いた灰から医療材の沃素や有機肥料のヨード灰を採る商売も下火になって家業が思わしくなく、横須賀へ奉公に出た理由でもあった。

化学者と事業家による二人三脚のプロジェクトは進み、明治四十年にグルタミン酸は「味の素」として商品化された。最初は世間の注目を引かず、販売も軌道に乗らなかったが、そのころ（明治末期〜大正初期）の横須賀は海軍で賑わい、海軍向けの料亭や料理屋も増えていた。その影響か、味の素の需要が増えた。海軍の需要ばかりではなく、東京、横浜周辺のホテルなど外国系のレストランのシェフも使いだした。材料が昆布や小麦、大豆のたんぱく成分（アミノ酸）であるところに安全性もあった。

鈴木商店では逗子の工場で製造する結晶を「味の素」として商品化し、小型の缶を先ず海軍に売り込もうと考え、横須賀軍需部に持って行って紹介した。鈴木自身、単なる商人ではなく化学に通じた勉強家で味の素以外にも電気科学関係の発明の特許もある。子どものとき葉山で海草からヨードを採る親の仕事を見ていて化学に関心があったからだろう。

海軍に売り込めば販路が拡大できる—事業家としての才もあった。軍需部では築地の海軍経理学校に紹介した。海軍が使っているという触れ込みにも宣伝効果があった。

実際の事業は順調なものではなかったようだが、その後ほかの学者たちも日本の食材から旨味成分を取り出し商品化するようになり、化学調味料が知られるようになった。

以上は虚実を交えた筆者の創作部分もあるが、海軍が化学調味料の価値を認めて、上手に使う方法まで主計関係者に教えていたことはホントである。

民間で商品化された「味の素」に遅れてカツオ節に含まれるイノシン酸、干しシイタケのグアニール酸、ホタテ貝の貝柱のコハク酸など、その後開発された旨味成分の原料が日本在来の乾物に多いことにも注目できる。やはり和食が味覚の点でも優れたものがあるということである。

経理学校発行の『厨業管理教科書』にも昭和初期の版から化学調味料の解説がある。同教科書は昭和十七年版をもって戦局悪化のためその後は発行されていないが、経理学校の給食管理教科書としてはたいへん内容が充実している。海軍経理学校教育の粋が結集されていると感じられる貴重な食文化資料である。

化学調味料はこのころには数社の商品もあり、商品名を特定するのを憚《はばか》ったものか「美味剤」として表記されている。味を良くする添加物という意味だろう。とは言いながら、記述の中に「味の素」という文字が見える個所があるのもおもしろい。うっかり具体的に書いてしまったのだろう。そのまま転記しておく。

美味剤　（昭和十七年十一月発行、海軍厨業管理教科書から）

食物のうまい味の本体は主としてアミノ酸の一種であるヒスチジンやグルタミン酸等の呈する味である。殊にグルタミン酸の呈味は最も強力である。然し旨味の総てが之のみに拠て出現するものではない。味の素はグルタミン酸を主体とする美味剤で、其の他同種の美味剤は数十種に達する。グルタミン酸質の物質を得るには大豆或は小麦に含まれるところの蛋白質に酸類を加えて加水分解せしめて処理すればよい。

美味剤の良否はグルタミン酸の含有量の多寡に依るもので多きは九五％、少なきは四三%位である。肉眼的に鑑別せんには⑴異臭なく純白なもの⑵開栓後吸湿せざるもの⑶水に完全に溶解し酸味少なきもの⑷アンモニア臭なきものが優良である。

書いてあることから、当時はほかにも化学調味料が出回っていたことがわかる。粗悪品もあるので注意して鑑別に努めよという警告になっている。そうかといって、たんぱく質を加水分解してグルタミン酸を採取するなど素人が簡単にできるものではない。暗に「味の素」がよいという意味にもとれるのは、やはり海軍では最初に横須賀で売り出された鈴木三郎助商店に信頼を置いていたとも受け取れる。主計兵だった海軍の人から、「美味剤は重宝であるが、使い過ぎてはいけない。仕上げにすこし使うのがよい」と取り扱いに注意されていたと聞いた。

日本で研究開発された化学調味料はその後、世界中で使用されるようになった。今では日本の醤油とともに隠し味として西洋料理のシェフたちも使う時代になっている。

日本では今でこそ家庭で化学調味料を使うことは少なくなった。すでにいろいろな調味料に加えてあり、インスタント食品、レトルト食品などにも入っている。二重使用のようになるので家庭で使う必要はあまりないが、調理科学としてその効能を知っておくだけでもよい。

昭和十年ごろから戦争中にかけて粗悪な日本酒が横行するようになり、酒税管理の立場から政府が清酒に等級付けをした時期がある。昭和十五年には五段階、戦後は特級、一級、二級に縮小、平成四年に等級区分は廃止された。昭和四十五年ごろ、二級酒に耳かき一杯程度の「味の素」を入れて熱燗で飲むとたしかにうまく感じたのを覚えている。栄養学的には、グルタミン酸と清酒の持つわずかなコハク酸が融合して旨味を増加するのだと思う。鍋物やすき焼きに習慣的に清酒を入れたりするのはなぜか？　日本人の生活の知恵を、科学的に疑問を持ってみるとおもしろい。

そのしばらくあとだったと覚えているが、某新聞の読者欄にどこかの主婦の「日本酒の好きな主人に飲ませる二級酒に内緒で化学調味料を入れて出したら「特級酒はやはりちがうなァ」と喜んでいるので「…実は」と種を明かしたら主人はかえって喜んでいた」という投書があった。ご主人思いで経済観念に加え研究心のあるいい奥さんである…と思う。

日本の化学調味料は欧米でひろく使われる一方で、この微量成分にアレルギーのある人もいるようで、二〇二〇年の天皇即位に際しての宮中晩餐会での外国来賓用には事前確認で「化学調味料抜き」のプレートがいくつかあったこともテレビで報じていた。

海軍の握り飯はなぜ三角？

握り飯は〝グルメ〟とか、日本料理とも言えないが、海軍将兵にとって身近な食べものだった海軍の握り飯のことにふれておきたい。

いつからかはっきりしないが、握り飯は、陸軍は丸形、海軍は三角形だった。

陸の長州、薩摩の海軍という創設のルーツに関係があるのかもと調べたりしたが、それはないようだ。明治五年に海軍省と陸軍省が独立したとき、陸軍はドイツ、海軍はイギリスを模範にしたが握り飯はドイツやイギリスにはないので真似ようがない。中国にも本来米のメシを手で丸めて携帯食にする食習慣はなかった。十五年ほど前、上海、北京で、中国には握り飯にして食べる習慣があるかどうか数名の現地人に訊いてみた。だれも「ある」と言わず、ガイドさんも「ない」と言った。「タブン、エイセイの問題だとオモイマス」という答えだった。郊外の畑の粗末な便所や野ツボも目に付き、衛生思想はまだ江戸時代だと感じた。

つまり、握り飯は大乗仏教とともに中国から日本に渡ったとする証拠は乏しい。タクラマカン砂漠を経て黄河流域から長安に至るシルクロード沿いの民は大体粉食（主に小麦を食べる）で、米は食べない。米はインドをはじめ東南アジアの広い地域で食べられるから仏教伝来以前に南方から筏か丸木舟に乗って日本列島に漂着した異国人によってもたらされたという推測もできる。

イネがどのような経路で日本に伝来したか今でも学者の間の議論になっている。稲のタネはベンガル湾沿岸からインドシナ半島と長江の二手に分かれて上陸し、朝鮮半島を経て日本に伝わったという新説を一九九〇年ごろ紹介したもの（『日本の米』富山和子、中公新書）もある。歴史年表では、弥生時代の前期に「このころ水稲栽培始まる」（三省堂『日本史年表』）としていたが、近年の発掘物（もみ殻や人間の排泄物、土器などの付着物）から弥生以前の縄文期から日本人が米づくりをしていたという発見もある。そのころから握り飯をつくって、「これでメザシでもあればサイコーだが」とか「しおむすびだけでも結構いけるでェ」とか言いながら古代人が米を食べていたと思うとなんだかたのしくなってくる。

現在日本人が食べている米はジャポニカ種という、粘りがある品種である。イネ科植物のイネはアフリカイネとアジアイネに大別され、アジアイネはさらにインディカ種とジャポニカ種に分けられる（亜種としてジャパニカ種というのもあるらしい）。

インドのほか東南アジアで食べるのは主にインディカ種で、細長く、加熱してもパサパサしていて日本人が普段食べている米とはかなり違う。ジャポニカ種は成分的にも違い、澱粉のアミロペクチンがインディカ種より多いため甘みがあってやわらかい。つやもある。

吉野ヶ里遺跡などから、縄文時代晩期にはすでに日本で米を作っていたという近年の発見も日本人とコメの関係を一層深める。田起こし、田への水引き、シロ掻き、田植え、数回にわたる田の草取り、稲刈り、乾燥、脱穀、籾摺りなど、いまでも同じ（筆者も米づくりをしている）。一連の農事（機械化だけが違う）を卑弥呼（伝説）の時代から古代人が同じ手順でやっていたかと思うと日本人とコメの食文化の不思議な縁を感じる。日本民族にはリスクも多いアジア・モンスーン気候を逆用した水耕栽培を採り入れた日本人の知恵と努力でジャポニカ種の栽培が広まり、おかげで握り飯も食べられるという話につながる。

クドクド書いているが、握り飯を語る上でのトリビア（雑学、豆知識）である。

以前、インドネシアやアメリカ南部などの産米を入手して日本式の炊き方で握り飯づくりを試みたが、どれもうまくいかなかった。粘りがないため丸まらない。

日本のイネがジャポニカ種だったことから日本では昔からご飯を丸めて食べる習慣ができた。平安時代の文書《もんじよ》に、宮中に出仕した貴族の随行者たちの時間待ちに出される間食を屯食（とんじき）といったらしいが、はっきりした形態はわからない。

『紫式部日記』にある「十五夜の月、曇りなくおもしろきに行けのみぎは近う、篝火ともを機の下に灯しつつ、屯食ども立てわたす…（後略）」の「屯食」が握り飯の初見とされるようで、平安時代にはすでにあったことになる。「とんじき」と言ったらしい。

当時の飯は強飯《こわいい》といって蒸籠《せいろ》で蒸して食べるもので現在の炊飯方法（強飯に対して姫飯《ひめいい》と称した）とは違う。玄米のまま食べていたから米のメシはかなり固い。試しにやってみたら玄米でも握り飯はできた。

その米でつくる握り飯は丸い形が普通だった。そのため団飯とも言った。歴史上の数々の合戦での兵食はもとより、庶民の携帯食といえば団飯が普通で、明治時代になっても変わらなかった。陸軍が丸形を踏襲したのは自然の成り行きだったようだ。陸軍は野戦を基準に個人単位で食事をつくる必要から日露戦争前に開発された兵用の飯盒は丸形握り飯が収まる形状にしてあった。

三角形の握り飯は江戸中期からあったようだが、発祥時期ははっきりしない。芝居の発達で観客向けの幕の内弁当に俵型のご飯が出現するから握り飯の形にも変化があったのかもしれない。海苔で包むのは味と携行の便からで形状とは関係なさそうだ。

応急食としてフネでいちばん喜ばれるのも握り飯であり、戦闘を前にした弁当として竹の皮に包むとき、丸いよりも三角のほうが座りがよいとなって三角形が基本となったのだろう。日中戦争時期の上海方面での陸戦隊の握り飯は○とか△ではなく枕形というのか円錐状のほうが運びやすいともいわれたが、あまり広まらなかった。

三角に握る方法はその後、海兵団や経理学校で主計科担当者に指導され、現場教育でしっかりと教え込まれた。少しでも角度がついてないと「ここは陸軍じゃない！」と上司に叱られたと元主計兵だった人から聞いた。海軍では陸軍の様式を使うことを嫌った。そうかといっていがみ合うような関係ではなく「南方前線ではけっこう食料を融通し合ったりはしていたよ」とも聞いている。「ここは陸軍じゃない」は気合を入れる用語だったのだろう。

そうは言っても、丸でも三角でも握り飯を大量に握るのは手間と時間がかかる。とくに応急食（戦闘食）として二食分以上作るのは主計科員が総出で前夜から夜通しで準備することになる。戦艦大和の出撃でいえば、司令部を入れた乗組員約三二〇〇人分の握り飯二食分となると（一食分二個として）一二八〇〇個！　烹炊所設置された六基の六斗炊き釜（一釜で五〇〇人分）をフル使用して二度炊いて、これを八〇人の主計科員で握る。

握り飯は熱いうちに握る。軍手をはめて、塩水に手を浸しながら握るが、五〇個も握るうちに手のひらは火傷したように真っ赤になったと元主計科員から聞いた。それを一人で一六〇個以上握ることになる。

握り飯製造機の製造も検討されたが、普段使わないものを収納しておくスペースはない。現在コンビニなどで売られているおにぎりの仕入れもとで使っている製造機は確かに大きくてコンベア式だから一連に機械は長くなる。昭和十五年ごろ、佐伯栄養学校で修学した国内留学生の四十院悟楼という特務少尉（横須賀鎮守府所属）が戦艦武蔵勤務のときに簡単な握り飯製造機を考案したという話もあるが、翌年は開戦で普及しないうちに敗戦になった。

海軍でも飯盒を使った?

握り飯のところでちょっとだけ飯盒のことにふれたが、陸軍の個人装備として必需品だった飯盒の来歴にふれておきたい。

キャンプや登山で使うコッフェル（Kocher）と飯盒は用途が似ているが、明治後期に日本陸軍が考案した便利なグッズである。といっても、飯盒で煮炊きする料理は数が限られ、海軍が使ったとしてもグルメには程遠いものしかできなそうにないから陸軍専用だったのだろうか?

陸軍と海軍は握り飯の形から違うことは前記した。敬礼の仕方も違う。おなじ日本の軍隊でありながらずいぶん違いがある。それが戦力に左右するというほどではないが、日常の服務態様や生活習慣が違うのは何かと齟齬が生じやすい。

どこが違うか、なぜそうなったのか陸軍と海軍の来歴を述べてから、珍しく海軍も陸軍の軍装品としてほめていた飯盒の話にする。

陸軍では、下級兵なら「ハイ、分隊長ドノ。自分もそのように思うのでアリマス!」と言うところ、海軍では「ええ…分隊長、私もそう思いますが…」といった感じである。

こういう言葉や用語、敬称の違いは明治五年に陸海軍が創設されたときから違っていた。陸軍は〝長州陸軍〟ともいうように昔の長州の影響が強かった。身分差も大きく、武士階級でも上士と下士の差は子ども時代から歴然としていて、四、五歳年下でも相手が上士の息子だと出遭ったら道を譲ってこうべを垂れて礼を表すという風習だった。

あるとき下級武士の子の山県小助（のちの山県有朋、天保九年生まれ）が一四、五歳のころ、狭い路地で行き遭ったのが五歳年下の上級武士の子の有地品之允（天保十四年生まれ）だった。

雨が降っていて、すれちがうとき有地から袴に泥が跳ねかかったと言いがかりをつけられた。有地は「無礼者！」と年上の山県に土下座を強いて詫びを要求した。泥水に顔をつけさせられたこのときの屈辱が少年山県を奮起させ、「こういう身分差こそが封建制度の敵だ」と自分に誓ったという。

のち、戊辰戦争を経て山県も有地も陸軍に入った。山県は明治二年に欧州視察の一員に選ばれるなど頭角を現していた。有地も血筋がよいこともあって普仏戦争の観戦武官として欧州派遣されるなど将来が開けていたが陸軍少佐のときに海軍に身分を転官した。おなじ少佐で五歳年下のかつての下士の息子に先を越されると感じたのだろう。

しかし、有地品之允のこの海軍への転官はその後の日本海軍にとって幸いした。明治十七年の脚気原因探究のための実験遠洋航海の練習艦筑波艦長が有地大佐だった。有地は海軍軍医高木兼寛の計画をよく理解し、出発前に自ら海軍省に出向いて予算の追加を要求し、実験航海中も乗員が麦飯を食べたがらないのを叱咤し、艦内を見回って違反者がないか実験に協力した。その効果もあって、脚気対策実験航海で脚気は兵食の欠陥にあることが究明された。

有地品之允は海軍中将にまで昇進し、第三代呉鎮守府司令長官もつとめた。

片や山県有朋はその後も陸軍でとんとん拍子に出世し、陸軍大将、元帥、総理大臣にもなった明治の元勲だが、歴史の上では人気がない。あれほど身分制度の撤廃を痛感したわりには現役中は尊大で人望も聞かない。政治志向が高く、策略を巡らし、ビスマルクとモルトケを尊敬していた。日本陸軍の体質（とくに政治介入）をつくり上げた日本陸軍育ての親には違いないが、同じ長州閥でも乃木将軍のような人間的エピソードもない。

山県の葬儀（大正十一年十二月）の日は生憎《あいにく》の雨ではあったが、参列者わずか七〇〇名だったという。おなじ国葬でも乃木将軍の国葬（大正元年九月十八日）参列者、沿道の国民の見送りの数は一〇数万（二〇万とも）国民的感情では山県は比較にもならない。

海軍には創建当時薩摩人の多くが主要ポストに就いた。

薩摩は、封建時代のこと、当然士分にも身分差はあるが、長州ほどではない。地区別の青少年（二才《にせ》）育成組織卿中《ごじゆう》では年齢にかかわらず自由に発言する、長々とは話をしないという風習だった。そういう薩摩人たちが多い海軍なのでおのずと体質も陸軍とは違うものになっていった。幕末に薩長連合ができたのが不思議なくらいである。

陸軍、海軍は最初の成立ちからしてそういうものだったし、フランス式・ドイツ式、イギリス式の流儀・陸と海の戦場の違いなど基本的背景がまったく違うので共同開発をするような下地もない。野外戦闘を前提とする戦場と海上戦闘を主戦場とする海軍とでは装備品も違ってくるのは当然であるが、海軍が目を付けた陸軍の装備品の中の飯盒は特別だった。

余談が長くなったが、ここからが飯盒の話になる。

西南戦争では政府軍も西郷軍も握り飯が兵食の中心だった。缶詰はアメリカの南北戦争で改良され、その技術を倣った仙台の中澤彦吉・村島桃太郎という業者が共同開発した牛肉野菜煮缶詰が副食として政府軍で利用されたが、飯の缶詰はなく、米を個人的に炊ける装備品はなかった。西南戦争が済むと「あればいいな」というぐらいで急を要する研究課題でなくそのままになっていた。一六年後の日清戦争になって陸軍では「あればいいな」ではなく「作らにゃならん」となったが間に合わず、実用品が出来上がったのは明治三十一年だった。日清戦争の戦訓をもとに、兵用装備品の新開発として取り組んだのは陸軍砲兵工廠火砲製造所だった。ヨーロッパのコッフェル、日本古来の面桶《めんつう》や秋田の曲げわっぱなども参考にし、個人携帯しやすい形状、しかも握り飯も入るという条件で考案を進めたが、ブリキでは煮炊きに弱く、鉄板では重くなる。陸軍工廠が目を付けたのは当時利用未開発だったアルミニウムだった。軽量で、成形しやすい。後年、これに陽性酸化被膜を処理したものがアルマイトである。

昭和７年に陸軍が制式にした九二式飯盒（左）、４食分（８合）が炊ける。右は将校用で、角型

かくて、できあがった飯盒は陸軍兵の必須用具となった。飯盒の「盒」とは特殊な合わせ蓋の付いた炊爨《すいさん》用具という意味で、蓋にも煮こぼれや吹きこぼれがないように工夫されている。

『明治天皇と日露大戦争』（新東宝、昭和三十二年制作）は日本中が湧いた古い映画だが、劇中で明治天皇（嵐寛寿郎）が前線

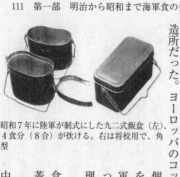

の兵たちと同じ青野菜の煮物と沢庵、梅干で食事をする場面がある。アルミ食器と将校用の角型飯盒が使われて正しい考証だった。

その後、兵用飯盒は数回改良が加えられ昭和七年に最終制式となり大東亜戦争の終焉まで使われたのが九二式飯盒である。九二とは皇紀の二五九二年を意味し、零式戦闘機（ゼロ戦）開発の紀元二六〇〇年に同じ命名である。飯盒にまで開発の年式を付与したくらいの逸品だった。この九二式飯盒は一度に四食分（八合）の米を炊くことができる大型で、本体、蓋・掛子（中蓋）・外盒・内盒から構成され、使わないときはわっぱ弁当容器のように内盒は外盒に収めた。

もともと海軍では飯盒で飯を炊くような事態が来るとは思わないから自己開発など構想もなかったが、上海事変（昭和七年）以降、中国方面の警備や陸戦隊の組織で実際に野外烹炊も必要になってきて陸軍の既製品を流用することにした。

海軍が流用した陸軍の飯盒は九二式前のタイプで、二合炊きが標準であるが四合まで一度に炊ける。本体、蓋・掛子（中蓋）からなり、区分上旧式飯盒と呼んでいた。

そういう意味で「海軍でも飯盒を使った」というのがホントの話である。海の上では要らないから「使うこともあった」というくらいがホントかもしれない。

陸の長州、海の薩摩の体質の違いはあっても部隊末端では互いに「陸さん」「海さん」と呼びあって在庫品を分け合うことも多かった。昭和の戦争中期のことだが、南方で、海軍部隊が魚をたくさん獲ったので近くの陸軍部隊に伝えたら、早速貰いに来て、たくさん持って行こうとするので「そんなに持って行っても保存できんでしょうに…」と言うと、「生魚でも深く掘った穴に入れておけばけっこう長く保存できます」というので「陸軍は知恵があってたくましい」と海軍主計長だった瀬間喬中佐の著書にある。

司令官の食事は生バンド付き?

「海軍では、司令官の食事は軍楽隊の生演奏付きだった」―こんな話も伝説として語られることがある。

ホント―ではある。「…ではある」というところに説明がいる。その裏事情がわかれば読者にはもっと興味が湧くと思われるのでネタバレしておく。

「司令長官の食事は生バンド付きだった」というだけでは「王侯貴族じゃあるまいし、なんと贅沢なこと!」で終わってしまいそうなので海軍軍楽の歴史から書かなければならない。司令長官の食事時の演奏には海軍の合理性も盛り込まれているからである。

明治二年、軍楽教師としてイギリスから招いたフェントンが同年九月、横浜本牧の妙香寺で薩摩藩士三二名に軍楽伝習を開始したのが海軍軍楽の嚆矢とされる。

海軍が兵学校卒業生の少尉候補生たちを海上訓練と国外研修・親善のため遠洋航海で外国へ行くようになったのは明治八年の第三回（サンフランシスコほかアメリカ西海岸）からであるが、国際親善訪問のプロトコル（国際法上の儀典や儀礼）もある。軍楽抜きの外国訪問は出来ない。

短期間の間に海軍軍楽が急進歩した背景にはいい指導者と軍楽員の必死の努力があった。この一〇年前には日本の音楽（音曲）と言えば琴三味線に尺八くらいだった日本男子が西洋の楽譜をもとに、多種類の吹奏楽器（主に金管楽器）、打楽器を扱うのだから日本人の適応能力の高さに驚かされる。言い方はヘンだが、戦国時代の勇猛な先祖を持つ薩摩の子孫が最初にこの西洋音楽を研修したというのがおもしろい。西洋文化をいち早く取り入れていた薩摩藩だけに違和感がなかったのかもしれないが、音符さえ表記しにくい和楽から西洋の多様な音階、長調・短調から複雑なイタリア語を主とする演奏を表現するための記号―アレグロモデラート、ピアニッシモ、フォルテッシモ、アレグロアッサイ、ウン・ポコ・モルト・ヴィヴァーチェ…などなどよくぞ覚えたものである。私は長年ボーカル（コーラス）をやってきたが、一〇〇以上もある記号などとても覚えきれるものではない（全部覚える必要もないが）。D・C（ダ・カーポ）とかD・S（ダル・セーニョ）の区別はつくが少し複雑な意味を持つ記号は覚えられない。

しかし、サツマ・バンドからは逸材も出た。のちに海軍軍楽への最大の貢献者瀬戸口藤吉（鹿児島県垂水市出身）の功績は何と言っても大きい。

日本海軍軍楽隊がいつから外国へ遠征するようになったのか調べるまでもない。プロトコルで演奏する機会が増え海軍軍楽の技量はみるみるうちに西洋先進国に引けを取らない技量になった。訪問先のヨーロッパの劇場や音楽堂で本場モノの演奏にも接した。歓迎レセプションではかならず音楽の生演奏が付く。祝賀のパレードでは先頭を行進する。西洋の風習を日本で取り入れるようになるのは成り行きからも当然だった。

ヨーロッパにはむかしからターヘルムジークと言って十六世紀半ばから流行した祝宴や饗宴の席上での演奏がその後、後期バロック期のドイツの作曲家テレマンによって大成された。ターヘルムジーク（食卓音楽）は室内楽の部類なので楽器編成もバンドとは違うが日本海軍のヨーロッパ訪問ではターヘルムジークに接したことは間違いない。食事しながら音楽を聞くという雰囲気は優雅である。

明治42年、北米・カナダ西海岸訪問で軍楽隊を先頭に市中行進する軍艦阿蘇、宗谷乗員（ワシントン州タコマ）

日本海軍の遠洋航海は明治五年から昭和十五年まで八〇数回に及ぶ。学校卒業の少尉候補生の訓練を対象とした長期航海なので遠洋練習航海と称し、数隻の軍艦で編成するときは練習艦隊を組織した。中には国内だけや日本統治委任国のような外交儀礼を要しない航海もあったが、多くは外国親善訪問も含んだ。とくに欧米訪問は西洋式海軍との交流もあり、軍楽は大事な外交機能でもあった。海軍軍楽隊には磨きがかかる。

いきなり昭和十四年八月下旬に話が飛ぶ。

阿川弘之氏の日本海軍三代提督の伝記の第一作『山本五十六』（昭和四十年、新潮社）では昭和十四年八月三十日、海軍中将山本五十六が連合艦隊司令長官（兼第一

艦隊司令長官）として親補され、紀州・和歌之浦停泊中の戦艦「長門」に着任するまでの模様から始まる。

当時の連合艦隊の規模は将兵四万人。その頂点に立つのが連合艦隊司令長官だから、司令長官自身何をするにも堅苦しい。周囲も気を遣う。

海軍省の勤務の次官時代とは違い、海の上は気持ちの上でも段違い。山本の場合は人脈や人柄から訪問者も多い。司令長官招待客もある。新橋の芸妓衆などもあった。

横須賀停泊中の「長門」でのこと、同じく『山本五十六』に次のような描写がある。

お座敷では「山ちゃん」などと呼んでいた女衆は海軍の現場の雰囲気に気圧《けお》され口もきけないくらいだった。

司令部の通常の昼食の献立は、スープに始まって、魚と肉の料理が一皿ずつ、それにサラダ、果物、コーヒーとなっているが、客があると、これに何かもう一品つく――（中略）――食事の用意が整うと、従兵が、後甲板に待機している軍楽隊の楽長に、

「只今司令長官を迎えに行きます」

と声をかけておいてから長官の私室へ走っていく。司令長官が長官私室のドアを開けるのとほぼ同時に、楽長の指揮棒が振り下ろされ、長官が食堂まで歩いてくる間、行進曲が一曲奏でられる。こうしてターフェルムジーク付きの艦上昼食会が始まる。

著者の阿川弘之氏は、新橋のきれいどころを客に迎えたりするうちに話に尾ひれが付いて実際はそれほどでもないのが伝えられるうちにオーバーになったのだろうと書いている。ウ

ソとホントの見境いはむずかしい。

司令長官の食事にターフェルムジークが付くようになったのがいつからかはわからない。

生バンド付きの司令長官の食事模様を書いたものはほかにもいくつかあるが、私が瀬間喬元海軍中佐から直接聞いた昭和十二年ごろの話はこうだった。

昭和十二年から十四年は海軍が最も充実した「華の海軍時代」で、瀬間大尉は第三艦隊司令部付主計士官だったから話に信憑性がある。ただし、軍楽隊は各艦隊に定員として配乗されたものではなく、臨時編成も多いので瀬間氏の又聞きということもあるかもしれない。

「軍楽隊は後甲板に演奏の準備を整えている。公室では、参謀たちは一斉に立礼して司令長官を迎え、昼食が始まることになる。着席した司令長官がスープ用のスプーンを手に取ると同時に従兵長の合図が後甲板の軍楽隊に伝わり、軍楽指揮棒が下ろされ演奏が始まる。曲は洋楽が主で、ジョージ・ガーシュインの〈ラプソディ・イン・ブルー〉とかヨハン・シュトラウスの〈ウインナ・ワルツ〉のような軽快な曲が多かった。ときには山本五十六の故郷新潟にヨイショする〈越後獅子〉を編曲した和楽も演奏された。

じつは、こういう艦上演奏は停泊中とはいえしばしばあるものではない。それだけに艦隊乗組員の福利厚生（慰安）の意味からも大いに意義のあるものだった。

軍楽の演奏があるという日は乗組員の昼食は早めに準備され、手空きの乗組員は後甲板に集まる。軍楽隊は日ごろの練習の成果を披露する機会にもなる。いつごろから始まったのか知らないが、きわめて合理的な艦上演奏会ではあるが、それが今では『司令官の食事には軍楽の生演奏が付いていた』と誤解されているようで残念ではある」

戦後、海上自衛隊に入った瀬間海将補からそういう所感を聞かせてもらったのは昭和四十一年のことだった。瀬間氏は戦後陸上自衛隊に入隊していたが、やはり〈陸軍〉は性にあわなかったと見えて三等陸佐のとき海上自衛隊に転官。私にとって瀬間氏との出遭いは、最初「ワシも熊本だよ」という一言が縁だったが、氏の多くの著作は私の執筆の模範となった。

司令官の食事は音楽付きだったという話の真相はそういうものだった。

しかし、やはり誤解されやすいのはしかたない。阿川弘之氏の名著『軍艦長門の生涯』に昭和十七年六月のミッドウェー海戦の大敗のあと、敗軍の将南雲忠一中将はいくつかの指揮官を歴任（数ヵ月ずつの梯子〈ハシゴ〉就任）、最後はサイパン陥落直前に自決した。『軍艦長門の生涯』では、南雲中将の昭和十八年十月に第一艦隊司令長官に就任（このへんが日本海軍人事の不思議なところ）するいきさつも述べられるが、旗艦「長門」では依然として司令官の食事では軍楽演奏が行なわれていた、とある。いくら乗組員の福利厚生とはいえ、それで士気がどれほどあがったのかわからない。

昭和期に呉海軍軍楽長だった河合太郎氏の寄稿（『東郷』昭和四十六年五月号所載）に、日本海海戦で軍楽手として旗艦「三笠」に乗艦した体験記がある。後年「戦闘のとき軍楽隊は士気を鼓舞するため上甲板で演奏などするのか?」と訊かれ憤慨したという。軍楽員は戦闘時にはその特性を生かしたいくつかの配置がある。海軍には無駄な職種はないことを言いたくて付記した。軍楽手の配置とはどういうものだったかは紙幅がないので説明は割愛する。

海軍のスイーツ事情

海軍は甘いものが好きだった―これもよく言われる。酒もよく飲むし、饅頭、羊羹もよく食べる。甘辛両刀だった、と言われたりするが、説明がいる。

海軍で甘味品は乗組員の癒しになる嗜好品だった。

日本に砂糖が持ち込まれたのは奈良時代と言われるが、それは超高級の薬用のようなもので味わえるのはごく一部の階層に限られた。庶民が調味料として料理に使えるようになるのはかなりあと（江戸後期）で、それでも貴重な食材だった。料理の味付けに砂糖を入れると旨くなるので、甘煮と書いて旨煮と読むこともあった。

海軍の肉じゃがはもともと「甘煮」と書いてあるが、砂糖を使うことから〝うま煮〟と呼んでいたのかもしれない。そのくらい砂糖を使うのは贅沢でもあった。ヨーロッパには、すき焼きのように肉料理に砂糖を使う料理はない。肉じゃがも砂糖をたくさん使うので料理名は「甘煮」としたのだろう。もともと海軍で支給される甘味品は食事の番外のようなもので、調味料のほかに航海中の夜食にはぜんざいや蜜豆などが出ることが多かった。個人でも酒保を通じて羊羹や饅頭などを買い食いすることもできた。

羊羹といえば、大正後期に建造された「間宮」という糧食補給専門艦があった。このフネ

上、給糧艦間宮（15,820トン）大正13年7月竣工。昭和19年12月21日マニラ湾西方で戦没
下、間宮艦内で製造中の「間宮羊羹」

はもともと一般糧食を艦隊に補給する目的で造られた一万五八〇〇トンの補助艦だったが、就役して数年後から艦内で甘味品の製造もするようになった。二〇一五年のNHK番組の「歴史秘話ヒストリア」シリーズで『戦地にお菓子がやってきた』という給糧艦「間宮」を描いた番組づくりに私も協力した。

番組は、日本海軍がフネの中で試行錯誤を経ていろいろなスイーツを作って艦隊の将兵に支給するようになったいきさつや、日本艦隊乗組員がいかに「間宮」の来航を前線基地で待ち望んでいたかをドラマ風に描き、日本海軍の特殊な任務への貢献とともに、南海で乗組員ほぼ全員が戦死する秘話が紹介された。とくにスイーツを艦内で生産するために乗っていた、軍人ではない多数の軍属（雇員、傭人）の戦死に一層の哀悼の念を感じた。

「間宮」といえば、今でも伝説があるくらい羊羹が有名で、虎屋や小城羊羹よりもビッグサイズだったという「間宮羊羹」がとくに人気で、めったに食べることが出来ないくらい垂涎の的の菓子だった。

この「とらや羊羹よりも大きかった」という証言は元海軍にいた数人の人からも聞いたが、多少眉に唾、つまりマユツバでもある。「こんくらいあった」とその大きさを示す羊羹の長さは肩幅くらいあった。いくらなんでもそんな大きな羊羹はあるはずはないとウソっぽく感じながらも、実際に自分で作ってみた。一本分小豆六〇〇グラム、砂糖六〇〇グラム。寒天液を加えて煉《ね》ると一本が一・三キロになった。やはりなんだかウソのような大きさである。証言は甘味品に飢えたむかしの旨い羊羹にも尾ひれが付いたものだったようである。

糧食補給艦として建造された特務艦「間宮」は艦隊のアイドルとして大事にされたが戦局の悪化する昭和十九年十二月二十一日にマニラ沖で米潜の雷撃であえなく戦没した。「間宮」の人気に呼応して戦争初期から数隻の給糧艦（小型）も造られたが、艦内でお菓子を製造していた日本海軍のフネはほかにない。

アメリカ海軍では大型艦はどんな艦船でもアイスクリーム製造機があった。アメリカ海軍ではアイスクリームを切らしたら乗組員の士気を大きく低下させることになり、スイーツの重要性をよく知っていたがアップルパイやロールケーキは一般調達の出来合品でいくらでも調達できた。

日本海軍では汁粉、ぜんざいは夜食の定番メニューで、材料がないときは大量の砂糖湯にメリケン粉を水で捏《こ》ねてちぎって入れただけのものでも歓迎された。甘いものを出しておけば乗組員は元気が出た。ネーミングもしゃれていて、砂糖湯に団子を入れただけのものでも「水晶ぜんざい」と呼んでいた。ホントのものを見て「なーんだ」と思うかもしれないが、それを「水晶ぜんざい」と名付けるところに海軍らしいユーモアがある。

ユーモアといえば、こちらは不味《まず》い料理の例であるが、兵学校には「トンバック」という兵学校生徒が名付けた不人気料理があった。昭和十二年ごろの話だからもう食糧事情はよくなかったのだろう。食べる生徒側が名付けた料理だからうまいわけがないが、トンバックについては第三部で紹介する。

山本五十六が大の甘党だったのはホントらしい。霞ケ浦航空隊副長時代（大正十三年～十四年）で、西瓜にたっぷりと白砂糖をかけて食べる山本を身近で見た甲板士官三和義勇中尉（兵学校四十八期、のち戦死・少将）の証言もある。

連合艦隊司令長官のときの従兵長の証言に「長官は、夜食がぜんざいのときは必ずお代わりを所望された」と阿川弘之氏の『軍艦長門の生涯』にある。

映画『聯合艦隊司令長官─太平洋戦争70年目の真実』（二〇一一年、東映）で、山本五十六がぜんざいに白砂糖をたっぷりかけて食べるシーンがあった。あれはウソに近く、甘党だったことを強調したもので、そばで南雲忠一中将がびっくりした表情をする。南雲を演じた俳優は私の従弟の中原丈雄だったので、中原に聞いたら、五十六役の役所広司はあの白砂糖まぶしのぜんざいをホントにうまそうに食べたと言っていた。役者の役づくりの努力もたいへんだと思った。

山本五十六の郷里長岡では、藩士の家の風習として盆の中日には、朝は白団子、昼は水菓子、夕食には団子類を食べる習慣があったらしい。山本は帰省するとそれもたのしみで、あるとき長岡伝統の大きな草饅頭を一度に六つ、ペロリと食べたと反町栄一氏（地元の幼馴染）の著書にある。

山本五十六の話には尾ひれはついていないようだが、これでは健康にいいことはない。糖尿を患っていたという証拠はないが、晩年の山本大将はかなり重症な脚気にかかっていたというアメリカの研究もある。白砂糖はビタミンB_1の活性を妨げるという栄養学上の研究もある。食生活から糖尿もあったかもしれない。

海軍では早い時期（明治期）から将兵への甘味品の供給をしていた。中にはホントかな？と思いたくなるベルサイユ時代のウィーンのスイーツまがいで、どこから材料を入手していたのかと思うものもある。

明治四十一年舞鶴海兵団発行の『海軍割烹術参考書』は調理器材の解説から始まり、献立では「日本料理之部」、「西洋料理之部」で具体的な料理名が約一二〇種の説明のあと「菓子ノ部」になっている。

そのお菓子の作り方の最初が「セイゴプリン」から始まっている。

明治後期という時代背景を考えながら次の説明を読んでいただきたい。

『砂糖、鶏卵、生牛乳　初メ「セイゴ」ヲ能ク洗ヒテ茹デ揚ゲ置キテ別ニ「パイ皿」ノ如キモノニ卵ノ黄身ヲ入レ砂糖ヲ入レ生牛乳ヲ入レテ余リ固クナラザル様ニ先ノ「セイゴ」ヲ入レテ混ゼ卵ノ白身ヲ泡ヲ立テ、入レ能ク混合セシメ「ローストパン」ニ湯ヲ入レ而シテ此ノ「パイ皿」ヲ載セ「オーブン」ニ入レテ蒸シ焼キトスルモノナリ此時上面ノ余リ焦ゲザル様注意スベシ』

片仮名混じり、句読点なしの文章で読みにくいが、これが明治後期の日本海軍料理書のある洋菓子の作り方の例だと思うと、とても軍隊料理とは思えない。

このあとタピオカプリン、ライスプリン、エッグプディングなどの洋菓子の作り方が続く。

なお、セイゴプリンの「セイゴ」とはサゴ椰子の樹幹を砕いて採取する澱粉で、近年知られるようになったタピオカに似た粉末である。タピオカはキャッサバ芋の根茎から採取するが、セイゴは樹木の汁液で、どちらも粒状に丸めて製品とするのが普通である。

第一部の結びにかえて

「第一部」では海軍兵食の誕生から〝海軍グルメ〟への発展に伴うエピソードなどをトリビアのような形でいくつかを紹介してきた。その中には、伝えられるものとは違うものがあるが、料理にはそのウソとホントが混在するところにたのしさもある。

芥川龍之介の短編に「煙草と悪魔」（大正五年十月発表）という作品がある。煙草はいつ日本に〝舶載〟されたのか、記録が一致しない、だれが持ち込んだかも分からない。悪魔が持ち込んだもので、その悪魔とは伴天連であったり、ほかの異国人であったり、諸説もあって、どれも「まんざらうそだとばかりは、言えないであろう。よしまたそれがうそにしても、そのうそはまた、ある意味で、存外、ほんとうに近いことがあるかもしれない。――自分は、こういう考えで、煙草の渡来に関する伝説を、ここに書いてみることにした」（原文のママ）

芥川龍之介といえば名作「藪の中」をはじめ、人間の証言の虚と実を巧みに取り入れた小説が多い。もともと小説家というのはウソが上手で、ウソをいかにホントのように書くかが商売でもある。本書は大作家に遠く及ばないが、書いてあることはホントだと思って読んでもらうほうが食事もたのしくなるはずである。

ウソとインチキはすこし違う。インチキははじめから人を騙《だま》す不正であるが、ウソには「嘘も方便」と言って一時的虚飾ではあるが、逆に真実を強めたり弱めたりする効果もある。

「養殖クジラが手に入ったから今晩はクジラの刺身とクジラ鍋で一杯やろう」

と気の合った仲間に呼びかけたとする。

いまどき、クジラは安くないが、昭和十年ごろは比較的容易に手に入る動物性たんぱく源だった。捕鯨船も南氷洋ばかりでなく日本近海で活動していた。ただ、食用となると牛肉ほど高級食材ではなかった。昭和の海軍では国策もあって鯨をもっと食べようというキャンペーンが起こり、昭和十二年ごろから第一艦隊（連合艦隊は時期的に未編成）では主計長、衣糧関係者たちが鯨を美味しく食べる料理法を考えた。

昭和十四年の『第一艦隊献立調理特別努力週間献立集』はそのキャンペーンに応じて艦隊が工夫したクジラ料理がたくさん紹介されている。各艦が自慢する考案料理のネーミングがいい。大鯨麺、溜鯨片、南蛮時雨煮、ウェール・カツ…などなど、鯨とは言わないところがいい。大鯨とは潜水艦母艦の艦名である。南蛮時雨煮…ネーミングもいい。

モノは言いようである。いま一般消費者の手に入るクジラ肉の鯨は厳しい国際条約のもとで保護されながら生きている哺乳類であり、全部養殖のようなものである。「養殖クジラを食おう」はその意味を含んだジョークであるが、海軍にはこの手のユーモアが好きな者が多かったようなので作文した。

なお、前記の「トンバック」は〝豚でも後ずさりする〟という意味である。「不味《まず》い海軍料理もあった！」の項参照。

第二部　海軍料理成り立ちの背景―教育と実務

主計兵は将来主計官？―海軍経理学校の来歴など

この第二部では、海軍グルメのウソとホントを通り越して、今ではほとんどわかる人のいなくなった海軍の料理教育の発信地だった海軍経理学校のことを記すこととしたい。何がウソで、何がホントさえも分からなくなってしまっている。知っていると思っている人の話も伝説が多く、伝説には大体ウソが多い。

日本の兵制の中で個人にとって運命の別れ道は、まず、陸軍か海軍かの選択にあった。明治六年（一八七三年）に兵役の義務（徴兵令）が施行されて、基本的に「国民皆兵」という制度ができた。この制度を導入したのが山県有朋（近衛都督・中将）だった。山県はその前年に欧州視察をしており、兵制の基盤を造ったが、それは陸軍兵制であって、海軍の徴兵制度は一部応募制となっていた。「徴募」という表現はここにある。徴兵と応募という意味だろう。また、国民皆兵とはいいながら、実際は成年男子がすべて兵となるわけではなく徴兵検査と抽籤で入営が決まった。

海軍兵への応募は陸軍に比べて狭き門で、陸軍の徴兵候補者から審査官（陸軍）が海軍へ回したり、家族事情や本人のつよい希望で海軍への進路選択をするのが普通だった。

海軍で主計兵が職域として陸軍とは異なる人事制度が設けられるのもそういう陸海軍史の中では早い時期からあった。

〝主計〟という名称が混乱のもとで、昭和になっても親たちは自分の息子が海軍に入り主計科員になると聞いてヌカ喜びすることがあった。

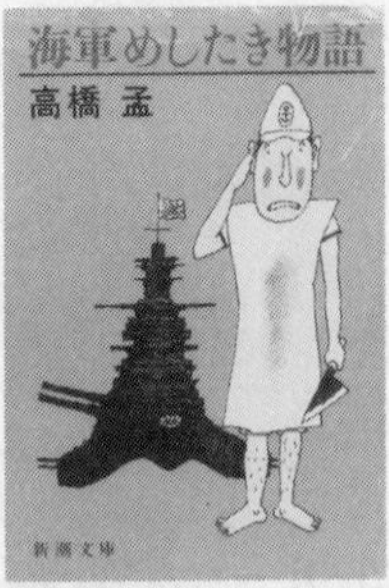

海軍主計兵の手記。高橋孟氏著『海軍めしたき物語』表紙

「お父っつぁん、オレ海軍で主計をやることになったよ」と言ったら、「それはいい！　主計というのはな、将来主計官とか計理士（注：公認会計士の前身）になれるっちゅうことだ」と真顔で喜んでくれた話がある。ところが海兵団に入隊して職域別教育訓練を受けてわかったのは、主計科兵は確かに〝読み書き・ソロバン〟も習うが、実習というのは調理実習で、早い話が飯炊きだった。郷里の親兄弟に「実は…」とも手紙に書けず、特別休暇が許可されて親元に帰っても、「いろいろなことを習うよ」と言うくらいだった。最初からプロの料理人を目指して師匠のもとで修業するのとは違い、しかも主計官になれると思っていたら包丁を持たされたというのでは話が違う。

太平洋戦争が始まる前年（昭和十五年＝一九四〇年）に海軍に入った元主計兵高橋孟氏の傑作著書に『海軍めしたき物語』（新潮文庫）がある。下級主計兵の戦争体験はめったに書かれないが、高橋氏の軽妙な漫画と筆致による赤裸々な〝めしたき兵〟の哀感のこもった体験談は貴重で、この本をもとに元主計兵だった人に尋ねると、やはり「たしかにこのとおりだった」と話す人が多かった。

『海軍めしたき物語』から高橋孟氏の海軍入隊（当時二〇歳）の動機と新兵当時のことを引用（抜粋）してみよう。

徴兵検査のときに海軍を志望した理由は極めて単純なもので、海軍の服装は陸軍よりもスマートだから女の子にモテる、軍艦に乗れば海外旅行もできる、第一志望を機関科にしたのは入隊前に機械製作所の製図工をしていたので工作技術が身に付く。機関科がダメなら第二志望は主計科に、ということにした。

第二を主計科にしたのは、ある日のこと東京駅でセーラー服に筆のマークを付けた颯爽とした水兵さんを見かけたからだった。容姿端麗で、いかにもインテリらしい品位が感じられた。識別マークのスパナ（機関科）よりも筆のほうが事務を司る官吏らしく見えた。だから第二志望の主計科に決まったときはむしろ喜んだぐらいだった。

こうして高橋孟氏は二等主計水兵（二主水）として昭和十六年一月に佐世保海兵団に入ることになるが、職場の先輩に「主計科に決まりました」と言うと、先輩は高橋氏の顔をじっと見ながら意味ありげな表情でニヤリと笑ったという。

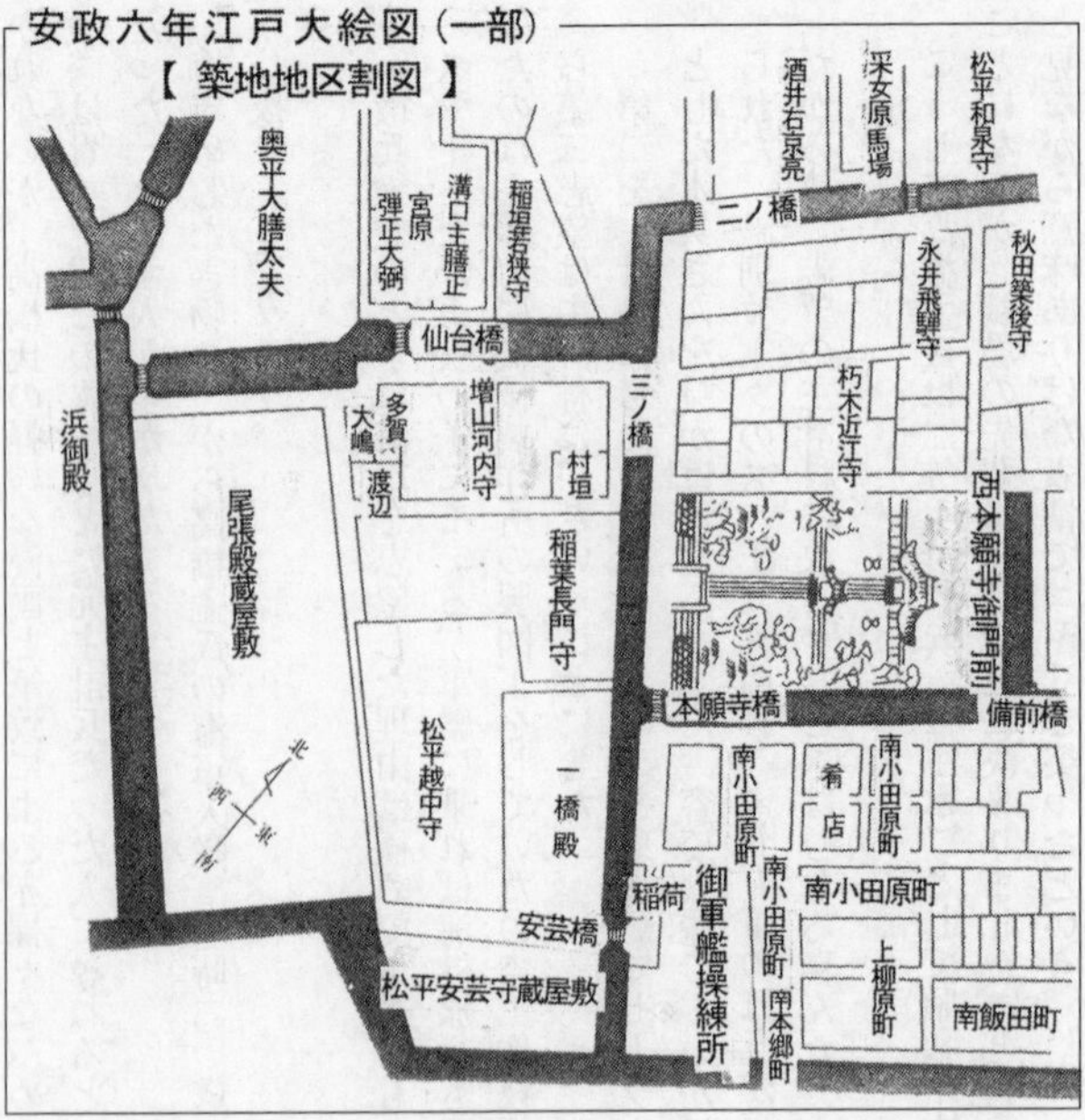

幕末の築地の地区割図。諸藩の屋敷割りがよくわかる。采女橋等現在も名前だけ残る場所もある。下（南端）に軍艦操練所がある

このニヤリがクセモノで、先輩は主計兵の仕事がどんなものかを知っていたようだ。

主計科というのは経理と衣糧に分れていて、経理は庶務と会計、衣糧は被服管理と食糧管理が主な仕事になるが、それは経理学校の初級課程を修業してからのことで、最初は二等主計兵なら皆烹炊員（飯炊き）から出発する。

食事をつくる係を主計員と呼ぶのは詐欺のように聞こえるが、ここに日本海軍主計科の由来の複雑なところがある。だまして入隊させようというものではなかった。ヘンな言い方になるが、教育機関の組織と要員養成上の行きがかり（？）で食事づくり担当者は主計科員として管理されることになったのがホントである。

もともと（明治七年＝一八七四年）十月に海軍にも会計専門要員を育成して、予算管理、物品管理の担当官を置かねばならないとなって芝公園内の海軍省の一郭に海軍会計学舎が創設された。これが、のちの海軍経理学校の前身である。官費で賄われるが通学制で、研修生はわずか二五名だった。

会計学舎はそのあと海軍主計学舎となり、学舎は大田区本門寺に移ったりするが、大蔵省に直結する海軍省会計局に所属していたので卒業生は徴募として海軍士官となる者も多かった。これが主計科士官の草分けになった。

こういう経緯があって、一時主計学舎は縮小され、明治二十一年に築地にあった兵学校が江田島に移転したため主計学校と改称された主計官養成機関は築地に移ることになった。

いきさつを詳しく書いても読者の関心は薄いかもしれないが、海軍経理学校の成立、さらに主計科士官ばかりでなく、主計科下士官兵を養成する兵站部（ロジスティクス）の総合教育の場となる経理学校として発展し、ここで料理まで教えるようになるのだから、日本海軍の特殊な教育機関として、どうしても記しておかねばならない。

フネでは当然食事が要《い》る。第一部でも書いたとおり、食事代は、士官は自弁、下士官・兵は徴募なので国家でその面倒をみる―そうなると食事の賄《まかな》い（準備）をする人員が必要になる。民間人を雇人として雇用するにも難しい問題がある―海軍軍人としてその仕事に従事する者を補充しないと戦闘で困る―そういう考え方で海軍では厨業員（調理専門員）の要員養成をすることになった。

問題は厨業員をどのように募集し、将来への希望が持てるような人事管理をしていくかにあった。さらに、厨業員をどこの部署で日常生活や勤務の面倒をみるか―兵站部の業務には間違いないので、いちばん近い部署は主計科ではないかということになった。

回りくどい説明になったが、これが陸軍にはない海軍独特の厨業員（のちに烹炊員）である。そうなると専門職としての教育も必要になった。

主計学校は明治二十六年になって一旦廃止され、代わりに海軍大臣直属の主計官練習所として専門教育が行なわれるなど変遷を重ね、明治四十二年になって大きな改革が行なわれる。教育対象を士官だけでなく下士官兵も総合的に専門教育をするようになったのが海軍経理学校で、築地で新たな出発となった。

築地と言えば、戦後は中央卸売市場として都民の食生活を潤してきた日本を代表する市場だった。平成十八年十月に豊洲へ大移転したとはいえ、その後も一部の店舗や流通機構が残存して歴史に潤いをあたえているので散策のたのしみがある。

海軍の歴史も遠い昔となってしまったが、現在の構内には海軍兵学校跡碑、海軍軍医学校跡碑、海軍経理学校跡碑等、夏草やつわものどもが夢の跡…芭蕉の句を思い浮かべるには感傷し過ぎるが、海軍の歴史を知るには築地地区一帯は大事な遺産でもある。私は海上自衛隊

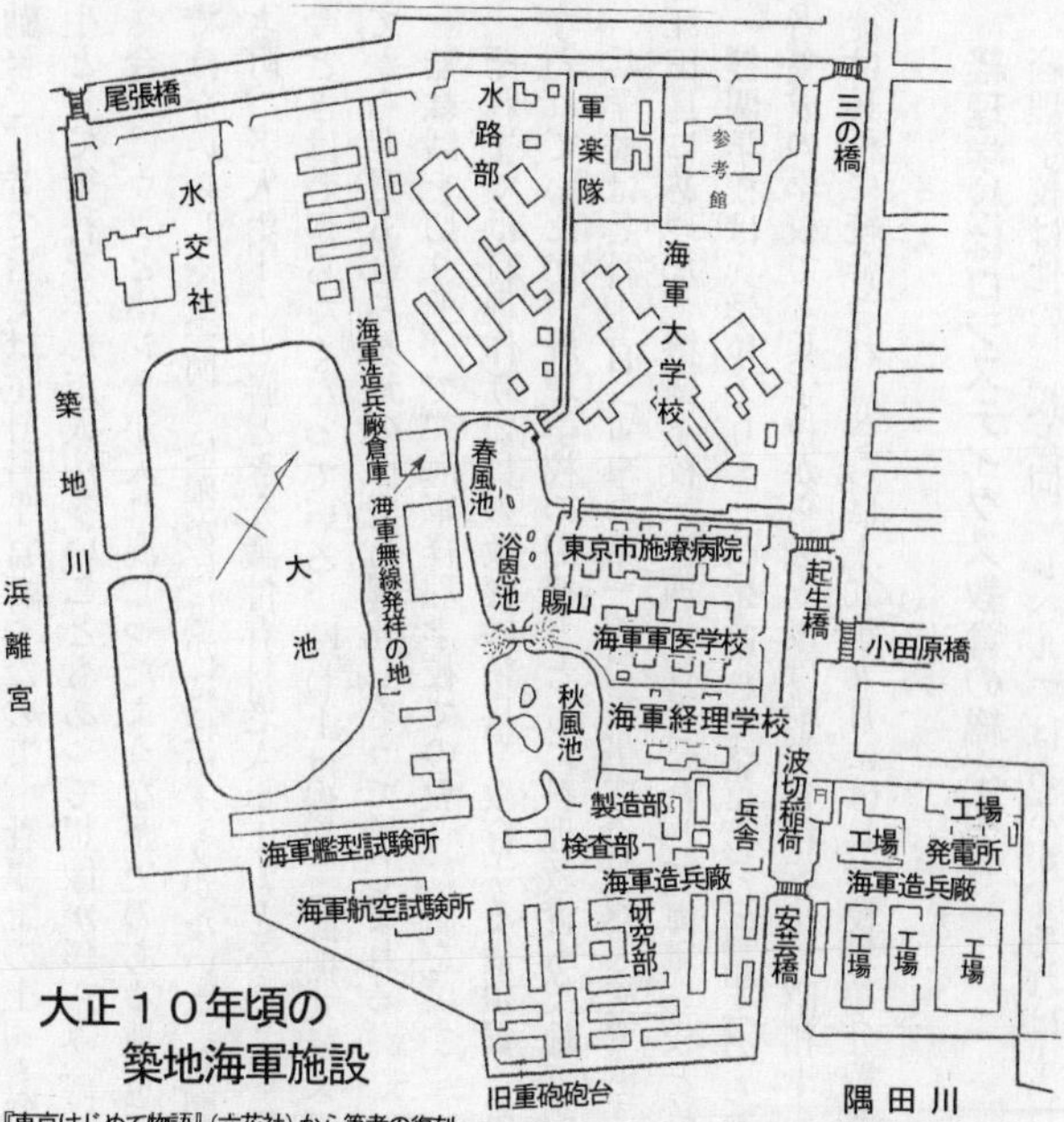

大正１０年頃の築地海軍施設

『東京はじめて物語』（六花社）から筆者の復刻

海　軍　省　兵部省の海軍掛（海軍省の前身）ができて浜御殿（現在の浜離宮）に入ったのが明治３年３月、海軍省として独立し、19年に芝公園へ移転した。

海軍兵学校　明治６年、イギリス人教師ダグラス一行33名を政府が招聘、海軍士官教育が開始された。９年８月に海軍兵学校と改称。21年に江田島に移転した。

海軍大学校　海軍兵学校の江田島移転とともに直後に新設され、関東大震災後海軍施設整備により、昭和７年８月に目黒・上大崎に移転した。

海軍軍医学校　明治27年４月、海軍大学校に軍医科が併設、31年４月に海軍医学校となった。現在の国立がんセンターは44年に開院した東京市施療病院の跡地。

海軍経理学校　芝公園内にあった主計学校が築地に移転したのが明治21年10月。その後一時廃止され、32年に海軍主計官練習所として再開、42年４月に海軍経理学校と改称され、海軍主計教育のメッカとなった。

勤務で、昔で言えば主計科士官だったので、仕事上の上司も経理学校出身者や下士官兵の学生として術科を学んだ人が多いこともあって想像が膨らみ、いつ訪れても感慨がわく。

今ではウソとホントが入れ混じったような歴史のある地帯で、漢字の「勝鬨橋《かちどきばし》」も一般的ではないらしく（「鬨」は確かにほかに使いようがない）、勝鬨橋、かちどき橋資料館、勝どき町、老人ホームも勝どき介護付有料老人ホームとなっていて、なぜ勝どき（勝鬨）なのか今どきはわからなくなっている。跳ね上げ機能（跳開式橋梁）が廃止（一九七〇年）になってから年月も経ち築地の歴史も風化しそうで惜しまれる。

無駄話を切り上げて、海軍経理学校での教育に話を戻す。

それまでは料理作り要員の教育は新兵を教育する横須賀、呉、佐世保、舞鶴の海兵団で行なわれていたが、経理学校の開校とともに料理教育も築地でやることになった。

兵学校は兵科士官（軍事の第一線に従事する将校）を養成する学校で、明治二十一年以降江田島にあった。機関学校、経理学校を総合して海軍三校と称することがある。

機関学校は兵学校よりも二〇年遅れて発足した艦船（のち潜水艦・航空機も）建造の技術者養成の学校で、兵学校から独立後は横須賀移転後、昭和十三年に舞鶴に移転、十七年に生徒は兵科に統合され、さらに十九年九月には兵学校舞鶴分校として改組された。

経理学校はロジスティクス教育の総本山

経理学校は他の二校と同一レベルではあるが、それは士官候補生を対象とする「生徒」

豊洲へ移転後一部が場外市場として残った築地北の一郭。2018年５月

海軍経理学校碑（勝鬨橋北詰）

（俗称＝本チャン）に限定して言う場合で、経理学校にはその「本チャン生徒」のほかに「学生」といって下士官・兵、昭和十二年からは短期現役主計科士官（補修学生という）の教育も担当するようになるから兵学校、機関学校とやや性格を異にする教育機関だった。つまり、「経理学校出身」と言ってもそのソースは多様になるということである。

戦後、履歴書に「海軍経理学校修業」と書く元海軍下士官もいて、採用する会社では「経理学校出身ならそれなりの待遇が必要だ」と戸惑ったという話もある。戦後の就職難で、戦前、下士官・兵として四、五ヵ月の期間経理学校学生として専門教育を受けただけでも履歴書には「海軍経理学校卒」と書きたくなる気持もわかる。「海軍経理学校卒業」あるいは「海軍経理学校在学」（終戦により就学途中で「海軍経理学校生徒ヲ差免ス」という辞令をもらった人たち）と書けるのは兵学校、機関学校、経理学校〝生徒〟だけなので自己申告のウソとホントの別れ道ではある。とくに経理学校の「その他」の課程の下士官兵では当然、申告の仕方は違ってくる。

戦後の混乱期にはもっといろいろな話があるが、第二復員局（海軍関係復員者担当部局）などよく復員軍人の履歴管理ができたものだと、コンピュータ入力などない時代の仕事に敬服する。結局、学歴詐称や階級詐称はいつかバレることで、その事例も知っているがここで書いても仕方ないだろう。

主計兵は将来の主計官？　という疑問に答えるために回り道しながらここまで書いてきたが、ようするに、海軍経理学校ではロジスティクス（兵站）教育の総本山として幅広い教育が行なわれていたということである。

　そうかといって「主計員」と言ってしまうと前記した「主計官」のような誤解もある。痛し痒しであるが、海軍ではこういう仕事の部門を「主計」または「主計畑」と言い、部隊でそのような業務に携わる士官を主計科士官、兵曹等下士官を主計科員と称した。艦艇や陸上部隊の主計科業務の責任者は主計長と称した。航空部隊の主計長は秘書課に所属するなど、便宜的な措置がされていた。主計科員はさらに担当業務が分かれ、給食担当者は衣糧職として区分された。

　同じ日本の軍隊で、陸軍と海軍の兵食の成立ちに違いがあるのはおかしなことではある。握り飯が丸と三角の違いはたいした問題ではない。いちばん大きな違いは、海軍では食事を専門職域とする下士官・兵がいたというところにある。

　陸軍では、海軍のような専門職域を設けず—つまり、そのための専門教育を行なわず、料理も達者な下士官—いわゆる炊事軍曹—が責任者に選ばれ、あとは手の要る員数を部隊

本科「生徒」の休日の外出風景（昭和４年ごろ）

乗艦実習では将来の主計長も艦砲操法を実習する

陸軍若手将校たちの昼食風景。大正期の歩兵65聯隊と写真説明にあるが、軍縮により大正14年に廃止となった会津若松の部隊のようである（筆者注）

から派出するという当番制になっていた。

海軍では兵食をつくる業務を厨業、烹炊と称したが、陸軍では炊事と言った。「炊事軍曹」とはそこから生まれた用語である。何かとややこしい違いではある。

この組織と部隊運営の違いは陸軍と海軍の勤務態様の違いからくるもので、どちらがいいとか悪いとかいう問題ではない。陸軍兵は、だれでも、いつでも銃を持って戦える態勢が必要であり、大隊、中隊、小隊組織の中の戦闘員ではあるが、野外戦闘では個人の行動範囲が広くなる。そのため海軍のように食事をほぼ一堂に会して食べるのは出来ないことも多い。

海軍は「板子一枚下は地獄」が船乗りの宿命で、危険度も一蓮托生、運命共同体で、食事も一緒にとる。フネの中のしっかりした調理施設（烹炊所）で手の込んだ料理もできる。海軍が食事管理の専門職を設けたのはそういう理由がある。実際に経理学校で行なわれていた衣糧関係教育を紹介してみよう。

海軍独特の教育システム

近年「海軍グルメ」と呼ばれるようになった海軍料理づくりに従事した主計科員たちは、

初めから「一流の料理人になろう」などと夢と志を持って海軍に入隊したのではなく、言葉は悪いが軍の一種の詐欺みたいな口ぐるまに乗って主計兵となり、その中からさらに勧められて厨業の道を進むことになったという人が多かったことはすでに書いたとおりである。

中には海軍少年飛行兵を熱望しながら、わずか二センチ背丈が足らずに「主計なら行けるゾ」と徴募のとき審査官から言われて、海兵団、部隊配属のあと「経理学校へ行くんなら衣糧課程学生がいいぞ」とまたまたホントかウソかわからないことを上司から勧められ、ここまで来たら自分で選択の余地などなく経理学校厨業課程に入ったという人（鹿児島出身、昭和八年海軍入隊）もいる。昭和八年ごろには海軍も充実期で主計兵も足りないくらいだった。

徴募に応じた時の話がみなホントではないかもしれないが、当のM氏は戦後も海上自衛隊に入り、術科学校教官として海軍の主計の伝統をしっかり海上自衛隊に受け継ぐ役割を果たした人だった。こういう人たちのおかげで海軍グルメもあると私は感謝している。厨業（調理）の仕事に就いたまま終戦を迎えた多くの主計科下士官兵も似たり寄ったりの個人経歴があるのは間違いない。

なぜ、初めはイヤでイヤでたまらなかった仕事に邁進できたか、ここに海軍の教育システムの優れたところがあったのではないか、というのが私の所感である。

陸海軍では「糧食」という用語をうまく使った。出典は定かでない。「糧は敵に拠る」（食糧は敵から奪う。あるいは敵地で調達する）—この場合の糧は〝りょう〟と読むらしい。「読書は心の糧」という場合は〝かて〟と言う。芥川龍之介の短編「白」という作品に「…糧食係の男は造作もなく目的の箱を見出して…」と、この短編の主人公シロという犬が見た人間生活の描写があるから一般用語だったのかもしれないが、世間では日常用語として「糧食」はあまり使われないようだ。

糧食とは、食糧（穀物、獣肉・魚肉等主要食材）と食料（食糧以外の諸々の食材等）を合わせた、ようするに飯のタネの総称だと言えばわかりやすいかもしれない。海軍では「糧食とは兵備品のうちの、主食、副食の素材、その加工品をいう」と定義めいた解釈をしていた。メシを食うのに定義づけなどいらないかもしれないが、食糧、食料、糧食の使い分けが曖昧になってはホントの話もウソになることもある。少しくどいことを書いた。

戦国時代の「兵粮」は「糧食」に近い意味になる。「兵糧攻め」というのは「ご馳走攻め」とか「酒攻め」とは正反対で、敵の食糧補給の道を絶って相手の戦力を弱らせる作戦を言う。

脚気禍に始まる大きな試練を経て、兵員の健康管理のために海軍部内で専門職の料理担当者を育成する必要になったいきさつは前記したとおりである。

海軍ではもう一つ、部内で独自に料理の向上を図る理由があった。これも本書で前に少し記したが、外国との交流に際してのプロトコル（外交儀礼）からの必要性だった。ようするに供応食（饗応食）の技術向上である。

外国の賓客をもてなす料理は国の威信がかかっている。遠洋航海で見聞し、体験している海軍だけにその大切さをよく認識していた。西洋料理といえば模範はフランス料理―本格的フランス料理から、ややアレンジしたフレンチ、洋食まで修得するのが海軍主計職域担当者の任務だった。教育は最初からうまくいったとは思えない。経理学校が築地に進出して料理教育まで始めるようになるのは明治四十二年からで、その時点では本来の〝生徒〟（兵学校生徒と並ぶ士官の卵）の教育が第一目的だった。

その教育機関は急成長して多目的広場のように発展する。つまり、海軍経理学校は、将来主計科士官となるための三年コース（国際情勢と軍政の関係で修業期間が兵学校、機関学校と同じ三年八ヵ月や四年の時期もある）のほかに主計科下士官・兵の術科（専門知識・技術）を高めるための課程がたくさんあったということである。

さらに、昭和十二年からは短期現役主計科士官の約四ヵ月の補修教育コースも加わるからますます複雑になった。一つの教育機関にいろいろなコース（現在でいえば、大学・専門学校・職業訓練所が混在したようなもの）の教育施設で、しかも寝起きも一緒、国旗掲揚から始まる同じ日課で、食事と風呂こそ区画が違うが、同居の若者たちである。カリキュラム（教育計画、課目編成等）作成、校内生活指導、教員の人事等には難しいものがあったはずだが、経理学校はそこをうまく運営していたようである。経理学校生徒、主計科士官・下士官・兵学生たち自身がよく自分たちの立場をわきまえて学内外生活をしていたのだと想像する。築地を一歩出れば銀座、新橋。上野、浅草も近い。生活環境がよく、フトコロも一般国民レベルより数段温かく、学業に専念できる。

その複雑な教育コースのなかで、海軍グルメにいちばん関係する主計科厨業練習生課程の兵曹・兵の教育について少しページを割く。

主計学校が一時主計官練習所と改称された時期の明治二十六年に、下士官の一部に教えていた糧食術科は取止め、横須賀、呉、佐世保、舞鶴の各教育団（新兵教育機関）に移して行なわれていた「掌厨術練習生」の教育を再び経理学校開設とともに、統一した厨業教育をすることになった。それが明治四十二年のことであるが、実際に厨業の総合的教育ができるようになるにはかなり年月を要し、昭和八年だった。

つまり、明治四十二年から大正期を経て昭和七年までの厨業（料理）教育が経理学校でどのように行なわれていたのかよく分からないところがある。そういう経緯の中で、よく海軍の実務につながる糧食管理ができたものだと感じる。

教育はいっときでも中断したり、空白期間があると伝統や継続性が失われる。明治四十二年に始まった経理学校での断片的な厨業教育だったが、昭和八年に総合教育が行なわれるようになるまではかなり期間があり過ぎる。

私は以前から、この間の約二十五年は経理学校ばかりでなくほかの教育機関でも厨業教育が行なわれていたのではないかと想像していた。ほかの教育機関とは言うまでもなく、以前厨業教育もやっていた各鎮守府に所属する海兵団である。そうでなければ、連綿と海軍グルメの伝統が続くはずはない。伝統は教育と人事施策がしっかりしていないと途切れる。

そういう目で古い海軍史料を調べていたら最近新たな発見があった。

瀬間喬元海軍主計中佐は戦後も約一〇年間海上自衛隊に身を置き、ロジスティクス部門の枢要な配置にあった代表的海軍主計科士官だった。

瀬間元中佐については本書第一部でも紹介したが、昭和四十年代初頭に海上自衛隊阪神基地隊司令を最後に退職した海将補である。退職後も折りにふれ執筆や寄稿を続けていたが、一〇数年かけて編纂した『日本海軍食生活史話』（昭和六十年、海援舎刊）は、同氏が高齢と持病の心臓病の度重なる手術の間隙を縫って、文字どおり病躯を賭して上梓に漕ぎつけた七〇〇ページの貴重な海軍史である。中身は堅い文言で、古い資料と数値だらけの図表で埋められているが、ときおり肥後人らしい率直な気風の文章が挿入され読みでがある。地味ではあるが研究者以外にもっと読まれてよいと思っている。

蛇足になるが、瀬間元海軍中佐は文筆に優れ、『素顔の帝国海軍』四部作には海軍生活の模様がもれなく書かれている。遊びにも全力投球したらしく、若いころには給料も全額投入、心残りはなかったようだ。奥さんも、海軍とはそういうものだ、と結婚前に親から諭され、資産のある親元からの仕送りで暮らしていたというからウソのような話である。文章が巧みで、花柳界に何とも不細工な女がいて「自分の顔をカンバスにして目鼻を描いただけ」の芸妓をひと晩相手にした思い出話とか、海軍ではR（淋病）のことを「浜千鳥」と風流な隠語が使われたことなど、あまり知られない〝海軍史〟もある。その関係の病気の自己体験も包み隠さず軽妙な筆

瀬間喬元主計中佐・海将補。熊本出身、昭和６年海軍経理学校卒。戦後は陸上自衛隊、海上自衛隊勤務。阪神基地隊司令。海軍史関係著書多数。昭和60年没。写真は海軍大尉時代

致で書かれた個所もある。ちなみに浜千鳥とは「ウミを見て泣く」からきていて、「いみじくも言い得て妙である」とヘンなところで海軍隠語をほめたりしている。

同氏も私と同じ疑問を持ったらしく、前記の大書『日本海軍食生活史話』の中に、(明治四十二年から昭和七年までの)術科教育が空白に見える期間が気になって調べていたら、大正七年の【経理学校教育要綱】に「厨業練習生」という文字があり、大正七年時点では経理学校で厨業教育を行なっていたのはわかるが、その少し後の大正十年十月二十八日発行の【海兵団教育綱領の改正】の第十七条ノ二に、

「掌厨練習生ノ教育ハ ㈠海軍糧食ノ献立及調理法並ニ実習 ㈡金銭及物品会計 ㈢庶務 ㈣算術 ㈤作文 ㈥英語初補 ㈦補科＝無銃隊訓練、拳銃射撃、体操、武技、体技」(筆者注：「無銃隊訓練」とは基本教練のことだろう)

とあり、海兵団で再び厨業員の教育が復帰したのか、あるいは主計員の初年兵だけ海兵団で専門教育を行なっていたのかもしれないことを発見したとある。つまり、やはり途切れる期間のない教育があったからこそ日本海軍独特の優れた兵食が出来上がったのだと言える。

冗漫な内容を書き連ねているようで筆者としては気になりながら、海軍グルメを作りだした海軍経理学校とそこで学んでいた海軍下士官兵はどういう勉強の仕方をしていたのか、将来風化するのを少しでも防ぎ止めたく、堅い話を続けなければならない。

日本の災害の歴史の上で関東大震災による国民生活、とくに東京都内の施設や港湾道路等が甚大な被害を受け、その復旧に多大な年月を要したことも考えないといけない。

関東大震災とは、言うまでもなく大正十二年九月一日午前一時過ぎに相模湾北部を震源地とする海溝型（境界型ともいうらしい）超大規模地震が関東地方に甚大な被害をもたらした。この巨大地震で政治経済機能がマヒし、教育機関も教育どころではなくなった。海軍経理学校もその影響をもろに受けた。築地での教育を考えるとき、そのことを念頭に置いて教育史を考えなければならない。

昭和五年ごろになると都内もかなり復旧が進んだ。昭和八年にそれを機に、経理学校は教育制度を大変革した。主計科下士官への教育も総合的に行なうようになるのは関東大震災が背景にあったようだ。

大震災で壊滅した都内の遠望（当時の新聞掲載写真）。場所を特定できないが、高い位置から撮られている

昭和八年十月の経理学校令は、前記の海兵団教育綱領をほとんどそのまま受け継いで、「練習生ヲシテ厨業、会計、庶務ニ関スル基礎的智識及び技能ヲ修得セシメ、掌厨術特修兵トシテ其ノ任務ヲ遂行スルニ必要ナル素養ヲ与ウル」として修業期間が六ヵ月以内に定められた。これが海軍経理学校の主計科下士官兵教育の根拠となった。カナまじりの海軍省の発令文を読むのは億劫だが、経理学校で糧食管理を中心に会計、庶務科目を含めてきちんとした教育をすることになった根拠がはっきりと表れている。術科には金銭会計、物品会計のほか庶務、算術、作文から英語初補と

いう教養科目まである。(初補とは初級レベルということだろう)。

海軍の給食管理関係の仕事を厨業と言ったり衣糧と言ったり、用語の不一致があるのも歴史の一つで、食事づくりに従事する主計科員を、明治初期は厨夫とか割烹と呼んでいた。明治二十二年ごろから主厨、大正時代に烹炊となり、昭和の終戦まで「烹炊員」が定着していた。海上自衛隊時代になってからも「烹炊員」「烹炊所」を正式用語としていた。

これも昭和三十六年四月から「調理員」「調理室」となり、さらに昭和五十年十月に第四術科学校の開校とともに教育課程を給養課程と命名し、従事する隊員の特技職は「給養員」と改正された。給食関係者の特技職の名称だけでもこれだけの変遷があるのは、それくらい給食関係者の人事管理に当局は苦心したということだろう。軍隊でも企業でも人事と教育システムが堅固であれば強くなる。

ある主計員の経理学校生活

昭和十五年の徴募で十六年一月の佐世保海兵団入隊から海軍生活が始まった徳島出身の高橋孟三主水のことは前にふれた。その『海軍めしたき物語』の著者の経理学校普通科練習生の体験をご本人に代わって簡略して紹介する。「ご本人に代わって」というのは、高橋孟氏はとっくの昔(一九九七年三月)に没されていて、また、著書から引用するにしても長すぎるので抜粋したものを本人の軽妙な筆致を真似て書いてみようと思ったからである。これならウソも許容範囲にしてもらえるだろう。

同氏の「軽妙な筆致」というのは随所にあるが、こんな具合である。

潜水学校研修中の一コマで、先輩が話して聞かせてくれた話という。

「婦人会が潜水艦見学に来てのォ、魚雷発射管から水が入ってこないのはなぜかと訊くから、それはあなた達が風呂に入ってもお湯が中に入って来ないのと同じですよ、と言ってやったよ。ワッハッハ」

新兵として毎日叱られながらの飯炊き仕事は面白いわけはない。仕事中、なにかというと拳骨や平手が飛んでくる辛い毎日から逃れるには経理学校へ行くしかない。経理学校とは士官候補生としての「生徒」ではなく、術科修業の「学生」(練習生)としての入校である。

経理学校の主計科練習生となるには試験があって、そのあと所属する鎮守府での選考で入校が決まる。下級兵の課程(普通科)の一つは経理、他は衣糧で、六ヵ月の勉学を修了すれば、衣糧課程練習生であれば「掌衣糧術章」というワッペンが左腕に付く。専門職(マークという)を持つことで一人前の海軍軍人として認められた。

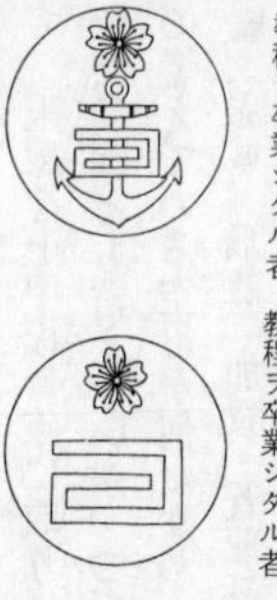

高等科衣糧術練習生教程ヲ卒業シタル者

普通科衣糧術練習生教程ヲ卒業シタル者

衣糧術章(デザインは倉庫のカギを表している)

高橋主計兵が受験したのは海軍入隊から一年経った昭和十七年二月だった。真珠湾攻撃の二ヵ月あとで、戦艦「霧島」は実動で忙しい中、戦争は戦争、教育は教育という、海軍で教育を大事にする方針に変わりはなかった。

高橋三等主計兵(略して三主水)は経理学校への入校の沙汰はなくそのあと六月のミッドウェー海戦にも参加

する。参加といっても、戦闘に備えて牛肉入り五目飯の握り飯を握ったり、戦闘中も烹炊所にいて、玉葱を上甲板倉庫に取りに行ったとき、遠くで空母が盛んに燃えているのを見たくらいで、参戦とも言えないが、「そのとき戦場にいた」とは言える。このときチラッと見ただけの燃えている空母が何だかわかるはずもないが、この海戦で日本海軍が一挙に四隻の航空母艦（赤城、飛龍、加賀、蒼龍）を失うのは知られるとおりである。

高橋三主水はミッドウェーでの敗戦直後潜水学校（呉）に転勤し、やっと経理学校経理術練習生として発令された。昭和十七年秋のことで、第一志望だった経理課程なので高橋氏の〝めしたき稼業〟とは実務ではおさらばとなるが、経理学校での下級主計科員の学業や生活がどういうものだったか、その雰囲気を伝えるため、もう少し同氏の体験をつづる。

花のお江戸、隅田川のほとり、勝鬨橋のたもと、校門を出れば歩いて十分で銀座…戦艦「霧島」での勤務に比べれば学生生活は地獄と極楽のようなものだった。修業後の実戦部隊勤務を考えると落第したいくらいだった。もっとも、落第というのはなく、昭和十七年後半になると戦況も芳しくなく、修業期間も規定の六ヵ月が短縮された。

経理学校校内は、士官候補である「生徒」が主人公で、その下に、一般学卒から募集した短期現役学生が補修学生として同居している。下士官・兵から特技職教育として修学する高等科練習生（兵曹）と普通科練習生（兵）に分かれるが同一校内での生活は戦争を一時忘れるくらい静かなものだった。高橋練習生は皆がやるように都内に下宿も取り、週二回の上陸を憩いの場にすることもできた。

当時は巷でも〝海軍さん〟はジョンベラ（セーラー服）でもモテて（？・＝温かい目で見られたという程度だろう）、大手を振って銀座を歩いたものだった。

とくに艦隊勤務時代にはないたのしいのがカッター訓練だったという。海軍下級兵にとってカッター（短艇）は体力的につらい訓練の代表である。それがたのしいというのは私の海上自衛隊体験からは不思議に思えるが、高橋氏には、白い事業服を着て隅田川で漕ぐカッターは都民の目につきやすく、勝鬨橋をくぐるときなど橋の欄干からのぞき込む市民の顔があり、特に女性らしい姿を意識すると腹筋の苦痛など忘れるくらい張り切るからだという。軍歌の〝♪海の男の艦隊勤務　月月火水木金金〟は経理学校のために作られたように思えたというから、人間の意識高揚は単純なものではある。戦時下での勉強とはいえ、戦争は戦争、勉強は勉強という環境づくりは海軍の基本方針でもあった。

その基本方針も戦争末期になると崩れ、課程によっては分散教育になる。教育の中心である生徒の教育場所も浜松、垂水（神戸）、橿原（奈良）で分散した。

高橋氏は年が明けた十八年二月に修業しているのでかなり繰り上げ修業だったようだ。修業成績は一七〇分の一五九だったが、自分のうしろにもっと成績が悪いのが一一人もいるので安心して佐世保所属の武昌丸という商船を改造した砲艦の掌経理兵として赴任地マニラへ向かった。

高橋練習生は経理課程だったが、海軍グルメに関係する衣糧課程の練習生の生活も日課はほぼ同じだった。

掌衣糧練習生として経理学校に入校した盛満二雄主計兵の経理学校での生活も高橋氏の体験とほぼ同じになるが、盛満氏は普通科と高等科を修めているので知識経験は高橋氏よりも深いものがあったと想像できる。年齢はほとんど同じである。

衣糧課程ではもちろん術科として栄養学、食品学、調理実習が習得科目の中心だった。この戦時下でも調理実習の講師には都内の著名な料亭や西洋料理店の料理長などが来ていたというから教育体制はしっかりしていたことがわかる。

こういう教育が平時戦時を問わず行なわれていた事実こそ本書の〝ホント〟として伝えたいことである。

料理研究家・土井勝氏の場合

昭和四十年代から六十年代にかけて料理研究家としてよく知られ、テレビ番組「土井勝料理教室」でも人気のあった土井勝氏も海軍出身だった。

私は三五歳前後で、海上自衛隊横須賀補給所という後方支援部隊勤務だったが、あるとき兵学校出身の上司が、「土井勝さんを講師に呼べないかね」と提案があって、土井勝氏が海軍出身であるのを知った。

メディア編集者が土井氏の経歴を取り違えたらしく、「海軍経理学校卒」としてあるものが多い。土井氏ご本人の責任ではないと思う。こういうものは一度公表されたり、印刷物になってしまうと訂正がむずかしくなる。私（高森）もウィキペディアでは全く違う人物の顔写真が使われていて、或るメディアが作った大きなチラシに別人の顔が紹介されているのがあった。その人のほうが若くてよほど栄養研究者らしく見えるのでそのままにしておいた。

現在のネットで「土井勝」を見ると「一九二一年一月五日生、高松市出身。海軍経理学校卒業後、兵役に就く。その後、大阪堂島の割烹学院に入学、同学院修業後助手として勤務、一九五三年関西割烹学院（のちの土井勝料理学院）を設立」とある。

だいたい、「経理学校卒業後、兵役に就く」というのはおかしい。ネット発信側の間違いで、土井氏には迷惑である。私は土井勝先生とはご生前面識を得、海軍主計科の下士官として経理学校教官助手までされたことを聞いてもいるので、それが正しいと思っているし、そのほうが海軍の誇る有名人にふさわしい。それでも念のため海軍経理学校生徒名簿で昭和期（昭和二年四月～二十年十月）の在校生合計二三七八名から改姓者も含めて名前を探してみたが発見できなかった。経理学校最後のクラスになった三十八期には俳優の神山繁氏（二〇一七年一月三日没）の名もある。

「神山繁」をネットで見ると「海軍経理学校卒」とあって、これも間違いになる。このクラスは昭和二十年四月入学なので五ヵ月足らずの在校なので卒業はしていない。

土井勝氏が書かれた小文で私が覚えているのは、中学時代からスポーツに長け、四国の陸上競技選手として走幅跳びでは国体にも出場したこともあるスポーツマンだったこと、海軍に主計員として入隊し、前出の高橋孟氏と同じ佐世保海兵団に入隊し、部隊勤務のあと経理学校衣糧練習生として入校したのがホントのようである。高橋氏と年齢的にまったく同じ大

料理研究家として著名だった海軍出身の土井勝氏

正十年生まれというのも不思議である。違うところは、高橋氏は社会人の二〇歳になってから海軍に入ったが、土井氏の入隊は一六、七歳ころだった。土井氏も海軍に入った動機は、とくに主計を希望したからではなかったようだが、入隊後に調理に興味を持ち技量を高めたのがホントの話らしい。

土井氏は水兵のときに一度普通科衣糧練習生を修業し、その後下士官（兵曹）になってから高等科衣糧課程でさらに勉学した。成績がよく、学校に認められ、高等科練習生のときすでに教官助手を務めるくらいだった。経理学校普通科で土井教官助手から調理実習を習ったという元主計兵（当時一八歳？）の古谷重次氏は土井教官の思い出で、「いまもテレビで丁寧な口調で話しとる、あのとおりだったよ。優しい話し方でよォ、海軍では珍しかった」と言っていた。古谷氏は相模（相模原市）の出身で、幼年時代は東京の下町で育ったとかで典型的な関東のべらんめえ口調が目立つのでこの話はよく覚えている。

土井氏は終戦のとき二四歳で、戦後の活動経歴は前記のとおりだろう。

同氏の著作『四季の献立』（お料理社、一九七五年刊）という豪華な料理書の中に愉快なエピソードが紹介してある。エッセーの文章もいい。そのコラムには「松茸山」というタイトルが付いている。文面から、経理学校垂水分校を卒業直後に終戦を迎えたようだ。まだ、海軍の籍はあるが敗戦で海軍での仕事がなくなったので持ち前の料理技量を生かすのを当面の仕事としていた。

小文の要旨は次のようなものである。

「海軍経理学校を出て、しばらく岸和田の内海というところの女子青年団で料理を教えていた。海軍からの出張講師だったのである。生徒の一人の家が山持ちで、ある日生徒と一緒に松茸山に招待された。松茸は枯葉の中一面に群生していた。私はあることを思いつき、生徒たちを指揮して枯葉を集めさせた。そこへ火をつけると瞬く間に燃え広がった。松茸山で焼マツタケを生徒に食べさせようという計画である。熱い灰を取り除けるとあちこちから焼マツタケを掘り出し、生徒たちはその味と香りに歓声をあげ、はしゃいでいた。

すると突如、「コラー！　なにやっとるか！」という大声。山の持主からこっぴどく叱られた。このときばかりは海軍じこみの凛々しさを投げ出してただ平身低頭するほかなかった。それにしてもあのときの松茸の味は忘れられない」

土井先生にしてそういうこともあった、終戦直後とはいえのどかな話である。この当時は松茸も、あるところにはあって、今のような超高級食材ではなかった。

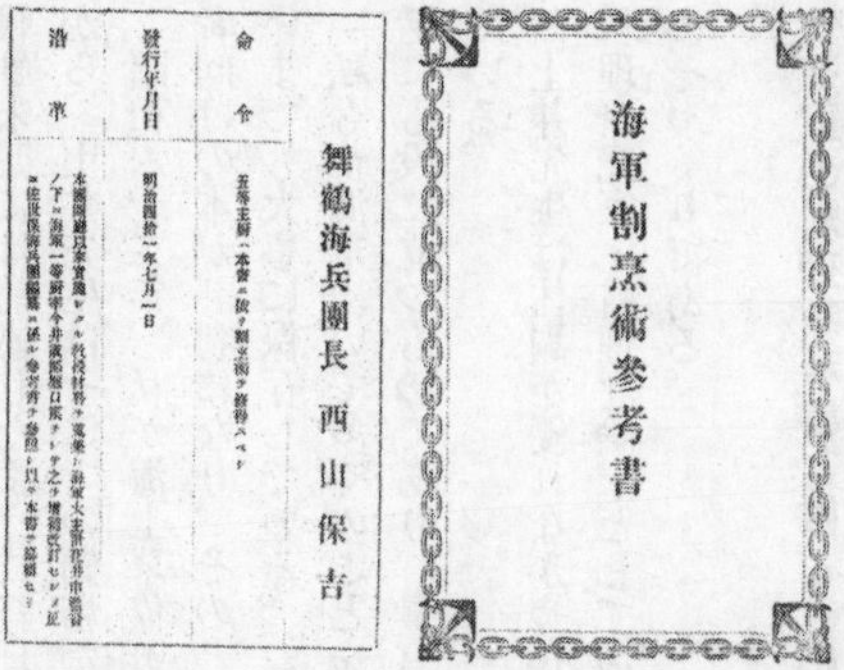
海軍割烹術参考書

舞鶴海兵團長　西山保吉

命令　五等主厨ハ本書ニ依テ割烹術ヲ修得スヘシ

發行年月日　明治四拾一年七月一日

沿革　本團調辦以來實驗シタル教授材料ヲ蒐集シ海軍大主計佐井市衛督ノ下ニ海軍一等厨宰今井茂郎ヲシテ之ヲ増補改訂セシメ更ニ佐世保海兵團編纂ニ係ル參考書ヲ參照シ以テ本書ヲ編纂セリ

日本海軍最古の料理教科書　明治41年７月舞鶴海兵団発行

戦争末期には前述したように経理学校も分散教育になり、垂水（神戸）もその一つになったから、土井先生はそこでの勤務だったのではないかと思う。

昭和六十二年、私が海上幕僚監部勤務の余暇に出版した『自炊のすすめ』という単身赴任者向けの本が評判になり、そのとき土井勝先生から祝意のこもる葉書を頂戴したことがあり、いまでも大事に保存している。

「私も昔海軍にいて多くのことを学びました。このたび出版されたご著書は広く国民の食生活にも役に立つものであり、貴官の労はきっと報いられることでしょう」という文面になっている。

土井先生は体調が優れなかったのか信子夫人に代筆させたとある。土井勝氏の次男が現在、料理研究家・料理評論家として活躍中の土井善晴氏で、やわらかな語り口が生前の土井先生にそっくりである。

海軍の料理教科書とはどういうものだったか

経理学校では兵員の栄養と料理の管理を勉強する衣糧術練習生たちにどういう料理を教えていたのか、海軍将兵はどんな料理を食べていたのか、ホントの姿を追ってみよう。

手掛かりになるのは海軍料理教科書である。

海軍料理書で時代的に最も古いのは明治四十一年に舞鶴海兵団が発行した『海軍割烹術参考書』（A5判に近い規格外サイズ、一二八ページ）で、その後大正七年に海軍省教育本部検閲済と印刷のある『海軍五等主厨厨業教科書』（B6判に近い規格外サイズ、全一五四ページ。現在はその複写のみ残存）がある。

『海軍五等…』は、内容的には『海軍割烹術参考書』とあまり変わりはなく、漢字、片仮名混じりの文章も同じである。この時期の経理学校の教育課程、教育内容はいまではほとんどわからないところが多く、この教科書の発行元さえ明記されていない。

日本も国際連盟の一国として第一次世界大戦に参戦し、終結したのが大正七年。経理学校の教育システムも記録として残されたものは発見できない（旧海軍主計科士官等の言）。

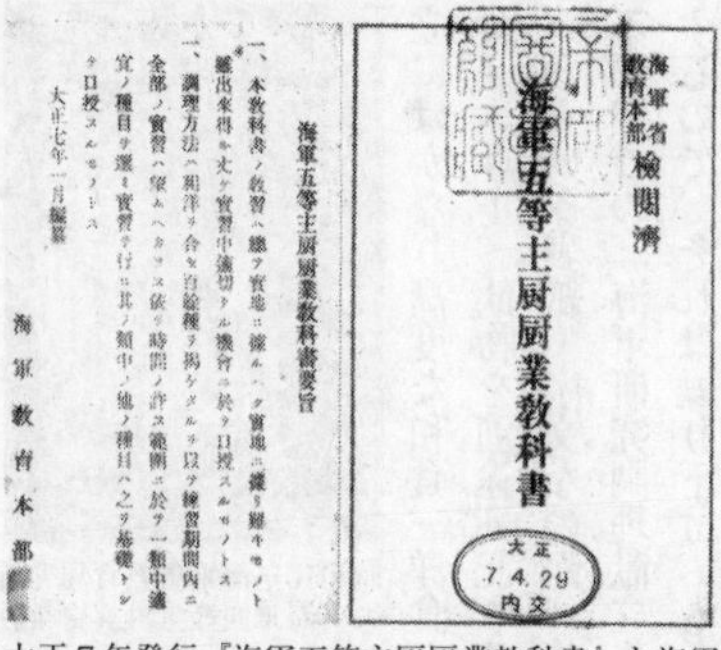

大正7年発行『海軍五等主厨厨業教科書』と海軍教育本部によるその序文

そういう混とんとした時期にありながら、海軍料理教科書はその後も昭和時代に受け継がれ、形を変えて『海軍厨業管理教科書』として定期的（二年あるいは三年間隔）に発行され、昭和十七年版の発行をもって最後となる。

その中間期になる昭和十年に海軍教育局が発行した『海軍四等主計兵厨業教科書』がある。最近（二〇二〇年一月）民間の読者から贈呈された珍しい小冊子で、サイズで言えばA6判（横一〇五ミリ×縦一四八ミリ）の手帳のような一九四ページのコンパクトな製本になっている。厨業課程学生の必携本として経理学校等を通じて手渡されたのだろう。小型本とはいえ内容に手抜きはなく、各献立の実習上の注意事項、調理器具取扱法など細かなところまで手の届いた活版印刷の立派な教科書である。

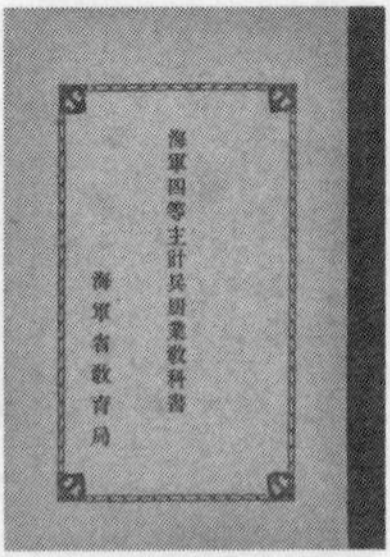

昭和10年海軍省教育局発行の『海軍四等主計兵厨業教科書』

その途上で、昭和七年三月に発行されたのが海軍料理の集大成ともいえる『海軍研究調理献立集』で、その献立にはかなり高度な和食、洋食が入っており、専門家が見ても驚くと思われる。掲示された全メニュー、飲物を別途列記する。

どういう表紙・序文なのか、時系列的に提示するならページのこの位置に掲げるべきであるが、この『海軍研究調理献立集』はきわめて高度な料理書であり、内容について説明を要するので、それは繰り下げ、もう一つ、食文化研究者、料理研究者、栄養士等が注目してよい海軍料理資料に昭和十四年十月に発行された『第一艦隊献立調理特別努力週間献立集』という長いタイトルの印刷物のほうを先に紹介する。B５判、九〇ページ、原本は部外発注によるしっかりした製本で、私の手元にあるのはその複写である。

昭和十四年十月といえば太平洋戦争まで二年余。すでにその二年前に日中戦争が起こり大東亜戦争が始まっていた。第一艦隊が一種のコンテスト形式で審査し、万一戦時体制となったらどういう献立がよいか、その想定の下で考案された約一二〇種の献立はいずれも実用に即した献立ばかりであり、ようするに海軍グルメではない。

この二ヵ月前の八月に山本五十六中将（十月に大将）が第一艦隊司令長官兼連合艦隊司令長官として就任した。艦隊が工夫を凝らした料理を通して戦雲まで予測できる。

注目したいのは、連合艦隊主計長横尾石夫大佐が記したその前文である。

「海軍兵食も著しく改善され、調理技術も行きつくところまで高い域に達した。然るに、今次支那事変以来糧食品にも各種の制限を受け、従来のような勝手な注文もできなくなった。今情勢はさらに厳しくなることが予想される。国内外情勢に即した兵食に考え直す時期が来た。本研究は戦時を予想した応用料理であり、今後の戦備に資するために第一艦隊が発行するものである」

と記してある（要旨筆者訳）。まさに卓見！　ひたすら海軍グルメを追究し続けるようなことをしてきた日本海軍に一発カマせる（?）言葉である。

第一艦隊献立調理特別努力週間献立集

昭和十四年度

第一艦隊司令部

昭和14年第一艦隊発行による戦時態勢に備えた『第一艦隊献立調理特別努力週間献立集』

その序文がたいへん立派なので、やはり原文で紹介したい。旧漢字で読みにくいが、昭和初期の海軍公文書を知るのもよいので、原文のまま転載する。

「近來兵食は著しく改

善せられた。各室食も跣足であるとさへ云はれてゐる。随って艦隊に於ても…（以下略。全文は左に掲示）」で、始まる書き出しは時代を思わせる難字の跣足は、はだしの意味で〝普段の食事〟といった意味だろう。「各室食」とは、大型艦では数か所に分かれて別献立の食事をしていたからで、あとはゆっくり噛み締めて読むと意味がわかる。

この序文を書いた横尾大佐（経理学校二期＝大正二年十二月卒）は佐賀出身で、当時の主計畑士官のリーダー格ではあるが、言いにくいことをズバリと言っている。

佐賀といえば、評論家だった江藤淳の祖父・江藤安太郎中将（兵学校十二期）は肥前（佐賀）出身の海軍中将で、江藤は関東育ちだが祖父の影響を受けているようで、歯に衣を着せぬ論評は私には〝佐賀モン〟を連想させる。海軍が好きだからこそ『海は甦る』のような海軍の本質に取り組んだ長編小説が書けたのだろうが、一方では、先祖が佐賀でありながら『南洲残影』（文藝春秋社）のような薩摩人西郷隆盛に傾倒する名著もある。人生に行き詰まったのか、自死した江藤淳氏にむしろ崇敬の念を抱きたくなる。武士道を通そうとしたのだろうか。筆者ごときが知ったかぶりのことを書くのは僭越だが…。

海軍グルメの話が脱線しつつあるのを承知で、薩長土肥―倒幕に遅れをとったものの、明治維新後の佐賀人の活動は羽捨ててはいけない。海軍づくりへの貢献にもふれておきたく、海軍史の余話として記しておきたい。

むかしから佐賀モンといって、佐賀にはカタブツが多い。カタブツという言い方は誤解しやすいが、ようするに正しいと思ったことは信念を通す…そういうことだろうか。

序

本献立集は、本年度第一艦隊及聯合艦隊附屬艦船に於て、四—五月、八月及九—十月の三回に亙り實施せられた献立調理特別努力週間に於ける各艦の最も得意とする特別献立を材料別に蒐錄したものである。

近來兵食は著しく改善せられた。各室食も跣足であるとさへ云はれてゐる。隨て艦隊に於ても調理技術に就ては、當初から相當の練度に達しあるものと考へて差支ないと思ふ。然るに今次支那事變以來、食糧品に就ても、各方面から各種の制限を受け、從來の樣に品種數量に勝手な注文が出來なくなつて、間宮の配給する糧食品も著しき制限を受け、自然献立の單調を招く結果となる事を虞れたのである。献立調理特別努力週間は、此の缺を補はんとして試みられたものである。乃ち作業地に於て、間宮から大艦は十日分位より、小艦は五日分位迄の生糧品の配給を受くるや、直ちに烹炊員の智囊を總動員して、最も適當の一週間分乃至五日分の豫定献立を作成して、司令部に提出せしむる事とし、猶ほ該豫定献立中の最も自信あるもの三種を特別献立として、之が調理法及實施の狀況を報告せしめたのである。而して小官は該努力週間中は、極力各艦の實施狀況を視察すると共に特別献立の試食に努めたのであつた

食物を以て最上の慰安とする作業地に於ける艦隊乘員が、此の努力週間を歡喜と感謝とを以て迎へた事は申す迄もない。他面烹炊關係員は、其の努力の認められ、且つ酬ゐられた事に對し、多大の滿足を覺えた次第である。そこで玆に之等努力の跡を蒐錄して頒ち、以て本年度當隊厨業關係員の多大の努力を犒ふと共に、將來執務の好箇の參考資料たらしめんと欲する次第である

昭和十四年十月

聯合艦隊主計長兼第一艦隊主計長

海軍主計大佐　横　尾　石　夫

明治新政府で司法卿（法務大臣）を務めたが「佐賀の乱」の罪科を負って梟首《きょうしゅ》（さらし首）になった江藤新平もいる。中牟田倉之助少将（のち中将）も海軍兵学寮兵学頭（校長）を罷免され、その後軍令部長のとき日清戦争に反対し、海軍兵学寮の教え子の山本権兵衛海軍大臣から更迭された。佐賀・弘道館（藩校）の中牟田の後輩の百武源吾（兵学校三十期。のち大将）も一筋縄ではない。日米開戦に猛反対したことで知られる。反

対してもスジが通っている。むかしの佐賀人は〝葉隠れ精神〟がおのずと身に着いていたのかもしれない。

戦後の昭和二十二年十月に、食管法で定められた配給米だけで食をしのぎ、栄養失調で餓死した山口良忠という佐賀の裁判官がいた。人を裁く者がヤミ米を食べるようなことをしてはいけない――という、己を律する県民性があると私の出身県熊本では佐賀人を評していた。筆者の出身地熊本県民は〝肥後モッコス〟というヘンに意地を張るところがあって他県のことを評するどころではないのだが…。

熊本では、四、五人集まるとすぐお茶を飲んだり持ち寄りの茶菓子などを食べだすが、佐賀では田植の休憩でもお茶も出ないと手伝いに行った私の母がぼやいていた。「佐賀モンが歩いたあとは草も生えん」――ひどい表現だが、そのくらい佐賀人は〝しっかり〟していると いう隣県人が一目を置く存在だったようだ。天領（幕府直轄領）が散在する自治の困難な藩政・風土から生まれた風習かもしれない。昭和三十年ごろのことで今は違うかもしれないが。

佐賀県人の食生活も質素なものが多い。有明海の干潟の生物・ワラスボ、ムツゴロウ、おきゅうと、ガン漬け（数種の小型カニを甲羅ごと砕いて発酵させた塩漬け）、イソギンチャクなど、他県人はそっぽを向くようなヘンなものを食べる習慣がある。

そのくらいむかしの佐賀人（とくに鍋島藩）は質素で倹約を重んずる気風があった。佐賀出身の海軍軍人を数人思い浮かべただけで一種の気風が感じられる。吉田善吾、安保《あぼ》清種《きよかず》、実松譲、坂井三郎…海軍から引き続いて海上自衛隊時代に勤務した福地誠夫元横須賀地方総監、元板谷茂海上幕僚長、谷川清澄元佐世保地方総監（福岡生まれ・佐賀育ち）には独特の気風を感じた。筆者が海幕人事課で直接お仕えした海幕総務部長当時の古賀鶴男海将（兵学校七十五期・元佐世保地方総監）とは数回カバン持ちで出張に随行したり、広島の拙宅に泊まってもらったりしたので折りに肥前の風土について話を聴いた。佐賀中学時代は当然、藩校の伝統教育もある。「じゃ、葉隠れ精神もとことん教え込まれるのでしょうね」と訊いたら、「そんな口で言える簡単なもんじゃないよ」ということだった。むかしの青少年は藩校の教育を通して浸み込むそれぞれの気風があった。

古賀海将はガン漬けを懐かしんでいた。「ガン漬けはうまかよ」とも言っていた。私も食べたことはあるが、カニの甲羅や手足がガリガリしてまことに食べにくい。瓶に入った黒緑の気色悪い食べものだが、郷土料理とは子どものときから食べつけたもので、年数がたつと懐かしく感じるものなのだろう。

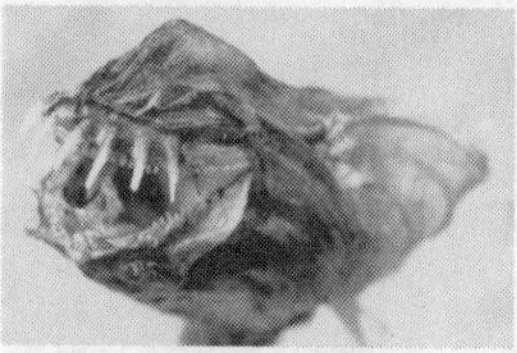
ワラスボの乾物。エイリアン（?）を思わせる不気味な干潟棲息魚。筑後川河口の魚店でよく見る

横尾石夫大佐は名前のとおりのカタブツだったとは思わないが、前記の序文から海軍の良心も垣間見られる。ワラスボ食って育った反作用で贅沢はいかんとなったのかもしれない。

横尾艦隊主計長は「いまこそ言っておかないといけない」と、それまで「もっとうまいものを食わせろ」と言っていた海軍上層部士官たちへの鉄槌をかましたのだろう。それこそワラスボの歯に衣を着せないような直言である。時期的に山本五十六司令長官が認可したというものでもあり、山本五十六もこれまでのような食事はできなくなることをよく認識していたと思う。牛肉に変えて、当時はたくさん獲れた鯨をもっと食べようという国策もあって海軍も食料政策に添《そ》って推奨した。安価で、一種の臭みのある鯨肉を嫌う国民が多かった時代である。

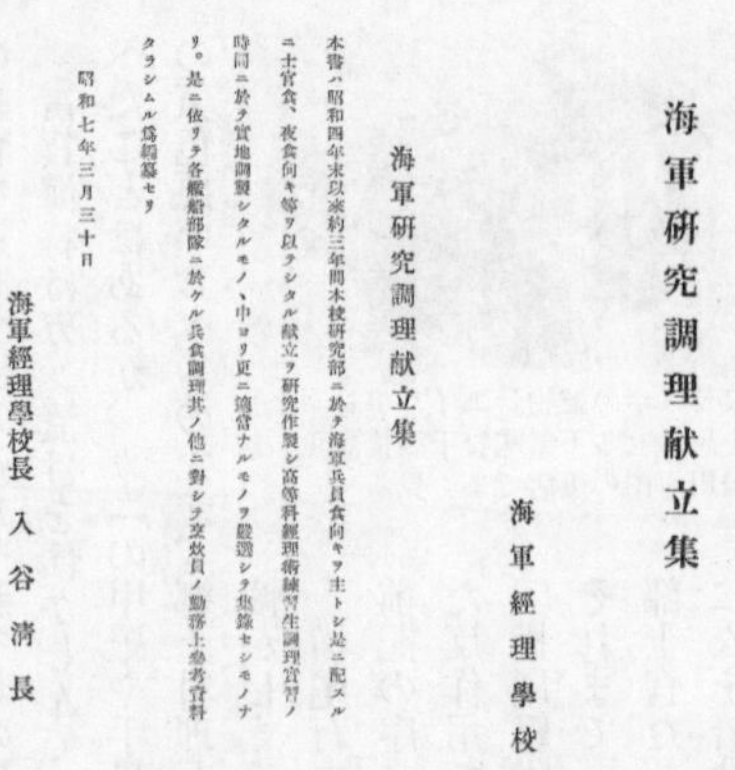
海軍研究調理献立集

海軍經理學校

海軍研究調理献立集

本書ハ昭和四年末以来約三年間本校研究部ニ於テ海軍兵員食向キヲ主トシ是ニ配スルニ士官食、夜食向キ等ヲ以テシタル献立ヲ研究作製シ高等科經理術練習生調理實習ノ時間ニ於テ實地調製シタルモノ、中ヨリ更ニ適當ナルモノヲ嚴選シテ集錄セシモノナリ。是ニ依リテ各艦船部隊ニ於ケル兵食調理其ノ他ニ對シテ烹炊員ノ勤務上參考資料タラシムル爲編纂セリ

昭和七年三月三十日

海軍經理學校長　入谷清長

昭和７年海軍経理学校発行の『海軍研究調理献立集』

ここで話を戻し、昭和七年発行の『海軍研究調理献立集』について解説を加えておく。こちらはワラスボやイソギンチャク料理ではなく正真正銘の「海軍グルメ」の料理である。

本書は、いわゆる華の海軍時代ともいうべき日本海軍のポテンシャルが高まった時期であり、装備、訓練練度とともに兵站部分も充実していた時期の教科書である。

そういうときの料理書であり、海軍食文化を理解するのに好個の資料だと思われるので、海軍ではどんな料理があったのか、料理名だけ列記（P.164～P.171）してみる。

ただし、料理書にあるから海軍将兵が等しく食べていた料理だとするのは適切ではない。メニューを見て、伊勢海老や鴨、山鳥、鶉、犢（仔牛）など当時でも簡単に入手できない高級食材が形を変えて登場するので「海軍はずいぶん贅沢なものを食べていたのだなあ」とか、「これじゃ高級ホテル並みじゃないか」と思われ、ホントではなくなってしまう。

しかし、昭和十年を過ぎると国内外情勢から国民の食生活も海軍食も坂道を転げ落ちるように不自由になる。昭和十一年は二・二六事件、日独防共協定、十二年には盧溝橋事件、日華事変、十三年は国家総動員法、十四年ノモンハン事件…筆者は十四年二月生まれで、親が「日本は歴史を直視しないとたいへんなことになる」と私の名を「直史」としたらしい。

海軍も本来の軍用食のあるべき姿への見直しがされていく。そういう料理の盛衰を知ることで日本海軍の歴史の理解につながる。

『海軍研究調理献立集』の解説

少しくどくなるかもしれないが、列記した献立の中から読者の興味がありそうなものを引用しながら解説を加えておく。

日本海軍の食文化が頂点にあった時期のメニューを知ることで、昭和十四年に連合艦隊主計長横尾石夫大佐が「海軍兵食も行きつくところまで向上した。いまやそんな呑気なことを言っている場合ではない。物資欠乏に備えて知恵を出し国防に備えなければならない」と檄《げき》を飛ばしたことは前に書いたとおりである。『海軍研究調理献立集』は、前記したように昭和七年三月発行であるが、内容的には明治四十年代の海軍料理教科書を踏襲しつつ、その後、大正期、昭和初期の見直しで、いわゆる海軍グルメの数々が勢ぞろいしているとみてよい。

スープの部

「注」は筆者の注記。以下同じ

トマトクリームスープ（士）
鶏のスマシスープ（兵）
南瓜のスープ（兵）
野菜入鶏スープ（士）
乾豌豆スープ（兵）
アスペルブイヨン（士）
注：アスパラガスを使ったスープ
豌豆濃羹（士）
野菜濁スープ（兵）
蛤の清しスープ（士）
玉菜大根スープ（兵）
白髭昆布鶏スープ（士）
野菜スープ（兵）

魚肉の部

塩鱈の山葵酢（士）
鮒の甘露煮（士）
小蝦のカレイ煮（士）
注：小蝦＝小海老（小海老）
小鯛蟹詰牛酪焼（士）
注：牛酪＝バター
蝦焼売（士）
海老天婦羅（士）
烏賊のみどり焼（士）
鯉の酢煮（士）
罐詰鮭のコロッケ（兵）
鰯の揚団子（兵）
塩鮭のシチュー（兵）
罐詰鮭の衣揚（兵）
塩鱈の衣揚（兵）
塩鮭のおろし汁（兵）
罐詰鮭のカラ揚（兵）
烏賊の炒煮（兵）
鰯の揚げ物（兵）
摺身鰯の味噌焼（兵）
牡蠣衣揚（兵）
魚肉のでんぶ（兵）
蝦の炒煮（兵）注：蝦＝海老
塩鮭雑炊（兵）
鮮魚蛤串焼（兵）
太刀魚の炒煮（兵）
蛤の茶碗蒸（兵）
塩鮭の味醂漬（兵）
魚のカレー焼（兵）
罐詰鮭の丸め揚（兵）
牡蠣の雑炊（夜）
罐鮭の白ソース馬鈴薯添（兵）
魚のケチャップ和（士）
鰯のそぼろ粉吹き馬鈴薯（士）
魚のかき揚（兵）
牡蠣の浮煮（患）
紅焼魚（士）
烏賊叩き揚卸し生姜（士）
筍と真子の煮びたし（士）
叩き海老の巻揚（士）

おらんだ揚げ（兵）
鯉の麦酒煮（士）
塩鮭味噌すゐとん（兵）
魚の衣揚（兵）
鰯のトマト煮（兵）
鮃バタ焼（兵）
鰯のコロッケ（士）
罐詰鮭かる揚（兵）
平貝の道明寺揚（士）
鯛の酒蒸（士）
筍と烏賊の木芽和（士）
鯖の湯引卸し酢（士）
蛤の衣揚（士）
烏賊叩き焼卸し生姜（士）
罐詰鮭玉菜添（士）
伊勢海老の叩き焼（士）
鯖の黄金焼（兵）
鮪のトマト煮（兵）
牡蠣クリーム和へ米飯添（士）

塩鱈バタ煮（士）
牡蠣串焼（士）
鯖の辛子焼（兵）
刺身の深川煮（兵）
鰯のさつま揚（兵）
鯵の酢醤油漬（兵）
鯵のトマト煮（士）
鮎のバタ煮（士）
鮭罐詰のトースト（夜）
鮪のラビゴットソース（兵）
漬鰯のバタ焼（兵）
鰯のフライ（兵）
鰯のマリネー（兵）
鰯の芥子焼（兵）
鰯のトマト煮（兵）
鰯のポジャスキー（兵）
伊勢海老の串焼き（士）
伊勢海老のコロッケ（士）
伊勢海老のコキール（士）

鰹の鹿煮（兵）
烏賊のケンチン蒸し（兵）
魚の卸しかけ（兵）
塩鮭の卸し和へ（兵）
塩鮭入りナマス（兵）
鮭の衛生汁（兵）
注：衛生＝当時は栄養と同義語
棒鱈の胡麻和へ（兵）
鱈のシチュー（兵）
鰯の団子汁（兵）
鰯の卯の花和へ（兵）
罐詰鮭と鹿尾菜の煮込（兵）
注：鹿尾菜＝ひじき
鰯のフリッター（兵）
蝦網油包衣揚（士）
鮮魚牡蠣田楽（士）
酢鯖のケチャップソース（兵）
蟹の蕎麦粉焼（兵）
鰯の叩き蒸し（兵）

車蝦時雨焼（士）
鮭の吾妻煮（兵）
沙魚の黄金煮（兵）
注：沙魚＝ハゼ
沙魚のフリッター（兵）
鰺のバタ焼（兵）
鰺のカレー焼（兵）
浅利のシチュー（兵）
烏賊のハンバクステーキ（兵）

獣肉の部

牛肉のジェリー寄せ（士）
ハンバクステーキ（士）
豚乾豌豆の煮込（兵）
ポークビンズ（兵）
豚の煮込（兵）
豚肉の酒漬（兵）
フーカデン（兵）
犢のレバコロッケ（患）

注：犢＝こうし（子牛）
犢のレバイタリアン（患）
犢のレバシチウー飯添（患）
犢のレバ串焼（患）
犢のレバ味噌煮（患）
犢のレバロールキャベージ（患）
犢レバのパテミート（患）
犢のレババタ（患）
犢のレバ生トマト煮込（患）
牛ボイル胡瓜和（兵）
豚と馬鈴薯のカレー煮（兵）
茹豚玉葱添（兵）
シューマイ（焼売）（兵）
豚の鉄火煮（兵）
犢頭酢油汁（士）
豚肉昆布巻（士）
ハヤシビーフ（兵）
酢豚（兵）
豚のカツレツ（兵）

ビフテキプディング（兵）
豚と馬鈴薯の煠煮（兵）
注：煠＝焼く、茹でるの意
ロールキャベジ（兵）
牛肉と卵の蒸物（兵）
牛背肉網焙焼注汁（士）
蒸漬肉酢味噌（兵）
豚肉莢豌豆辛子和（兵）
コーンビーフの漬方（士）
豚肉牛蒡巻（士）
犢肝臓煠焼（士）
牛肉味噌シチュー（兵）
兎肉洋酒煮（士）
豚肉うぐひす煮（兵）
牛肉の白シチュー（兵）
ボイルドビーフ（兵）
ボイルドポーク酢醤油漬（兵）
ロースポークの芥子和へ（兵）
豚肉の味噌焼（兵）

豚のトロ煮（兵）
新発田煮（兵）
注：新発田は新潟のしばた？
コンドビーフの団子汁（兵）
コンドビーフの白和（兵）
豚肉の卸し和へ（兵）
ぶつ切牛のトマトシチュー（兵）
豚の豆煮（兵）
卵の花入鋤焼（兵）
牛の南瓜和へ（兵）
豚肉菠薐草芥子和へ（兵）
注：菠薐草＝ほうれん草
牛肉柳川もどき（兵）
茄萠の肉おぼろ（兵）
コンドビーフの胡麻和へ（兵）
胡瓜の肉詰め（兵）
肉詰茄子煮物（士）

鳥及卵の部

野鴨の醤油煮（士）
山鳥の雛甘酢煮（士）
鶉の甘煮（士）
若雞牛酪焼（士）
注：「雛」は鶏と同意。混用多し
若雞玉蜀黍蒸焼（士）
玉子の巻揚（士）
鶏の骨付揚（兵）
鶏の生姜汁（兵）
雛雞葡萄煮飯添（士）
潰鴨の煠焼（士）
鴨山葵和（士）
チキンカレー（兵）
チキンシチューードダンブリン（兵）
鶏卵グラタン（兵）
鶏団子三ツ葉清汁（士）
鶏の天婦羅（士）
若雞ハンガリー風（士）
若雞香煮佛国風（士）
幼合鴨燔焼（士）
鶏肝詰オムレッ（士）
若雛空揚（士）
鶏卵菠薐草胡麻マヨネーズ和（兵）
鶏卵林檎マヨネーズ和（士）
蒸玉子（兵）
鶏の亀汁（士）
鶏肉蓮根マヨネーズ和へ（士）
若雛腸詰飯添（士）
チキンカレー（士）
甘藷の玉子焼（兵）
豆腐玉子焼（兵）

野菜の部

花椰菜濃羹（士）
注：花椰菜＝カリフラワー
野菜牛肉の汁（兵）
鉄火味噌（兵）

山椒豆腐（兵）
馬鈴薯の味噌かけ（兵）
鶉豆の煮方（兵）
葡萄豆の煮方（兵）
おでん（兵）
御多福豆の煮方（兵）
人参の五目炒（兵）
煮込甘藍（兵）
注：甘藍＝キャベツ
大根の味噌漬の漬方（兵）
蒸豆腐（兵）
竹の子と大豆の甘煮（兵）
乾豌豆（兵）
注：料理法が書いてないが煮物？
ゼンマイ信田煮（兵）
干鱈と玉蜀黍炒煮（兵）
ゼンマイの芥子味噌（兵）
蒟蒻青隠元酢味噌（兵）
注：青隠元＝グリンピース

けんちん揚（兵）
乾豌豆フランス煮（兵）
鹿尾菜の衣揚（兵）
野菜汁（兵）
田楽大根（兵）
玉菜煮込（兵）
慈姑の五目揚（兵）
里芋の海苔和へ（士）
里芋利休和へ（士）
新芋きんとん（士）
里芋の芥子醤油掛け（兵）
擬製豆腐（兵）
甘藷の塩蒸柚子味噌（兵）
菫芹パイ（士）
注：菫芹＝セロリ。当時はセルリとも称した
花椰菜クリームソース（士）
牛蒡ぜんまい油煠（兵）
豌豆入り炒り豆腐（兵）

馬鈴薯漬焼（兵）
大豆と昆布の含煮（兵）
筍の胡麻浸し（兵）
南瓜の裏漉（兵）
馬鈴薯のグラタン（士）
花玉菜のグラタン（士）
花玉菜のバタ煮（士）
乾豌豆の煮込み（兵）
リヨネーズポテート（士）
筍のスープ煮（兵）
筍のマヨネーズ和へ（兵）
わかめのトマトケチャップ和へ（兵）
青隠元のベーコン煮（士）
生椎茸のバタ煮（士）
茄子のフライ（兵）
茄子のシチュー（兵）
人参のバタ煮（兵）
がんもどき青隠元のスープ煮（兵）

豆腐のフライ（兵）
胡瓜の挽き肉詰（士）
玉菜の肉詰め（兵）
小里芋の芥子ソース（兵）
茄子の南蛮揚げ（兵）
大豆の五種煮（兵）
座禅豆の製法（兵）
焼豆腐のフライ（兵）
甘藷の芥子酢（兵）
馬鈴薯の甘露煮（兵）
甘藷のがんもどき（兵）
里芋の小倉煮（兵）
里芋の胡麻和へ（兵）
親子煮（兵）
南瓜の白胡麻和へ（兵）
大豆なます（兵）
釈迦豆腐（兵）
揚げ豆腐の卸かけ（兵）
筍の胡麻酢和へ（兵）
茄子のからし和へ（兵）
南瓜の従弟煮（兵）
南瓜の含め煮（兵）
牛蒡の軟煮（兵）
野菜の衛生煮（兵）
練味噌（兵）
コーンフリスタ（夜）

サラドの部

罐詰鮭のサラド（兵）
鶏卵サラド（兵）
筍サラド（兵）
野菜サラド（兵）
胡瓜サラド（兵）
魚野菜サラド（兵）
伊勢海老のサラド（士）
青隠元のサラド（兵）
果物のサラド（兵）
薇蕨のサラド（兵）
注：薇蕨＝ぜんまい
鶏肉のサラド（兵）
トマトサラド（兵）
セルリサラド（士）
独活のサラド（士）
胡瓜のサラド（兵）
わかめと玉菜のサラド（兵）
鱈のサラド（兵）

ライスの部

烏賊飯（士）
罐詰鮭飯（兵）
浅利のカレーライス（兵）
牡蠣飯（兵）
ハムライス（兵）
五目焼き飯（兵）
油揚飯（兵）
豌豆飯（兵）
筍 飯（兵）

錦　飯（兵）
椎茸飯（兵）
鯛　飯（兵）
鹿尾菜飯（兵）
玄米の重湯（患）
稲荷寿司（夜）
塩鮭の雑炊（夜）
鴨の雑炊（夜）
大根入りの雑炊（夜）
トマト飯（兵）
味噌雑煮（兵）
青豆飯（兵）
鮪　丼（士）
大根飯（兵）
切干飯（兵）
蛤ライス（兵）
五錦飯（兵）
葱玉子飯（兵）
梅干粥（患）

さつま飯（兵）
大豆飯（兵）瓣當
鯵　飯（兵）
鑵詰鮭丼（兵）
浸しパンのバタ焼（士）
瓣當用混飯（兵）
菠薐草飯（兵）
瓣當用握り飯（兵）
きな粉福神漬飯（兵）
塩鮭豆腐飯（兵）
鰈鶏卵飯（士）
伊勢海老カレーライス（士）
伊勢海老のライス（士）
牡蠣ライス（兵）
浅利めし（兵）
チキンライス（兵）
乾葡萄入りライス（兵）
松茸ライス（士）
鶏卵入りライス（兵）

蝦蠣飯（兵）
注：エビとカキの炊き込みメシか？
鶏　丼（兵）
鑵詰鮭丼（兵）
油揚丼（兵）

麺類の部

マカロニナポリタン（士）
蟹蕎麦（兵）
支那蕎麦（兵）
わんたん（夜）
五目蕎麦（兵）
東洋鍋（兵）
素麺の曾保呂煮（兵）
卯の花煮（兵）

菓子の部

苺ジェリパイ（士）
温いビスケット（士）

アップルジェリパイ（士）
スポンジケーキ（士）
コ、アスポンヂケーキ（士）
アイシング（士）
グラス（士）
注：グラス＝グラスに盛るケーキ類
アングレース（士）
シュークリーム（士）
汁粉餡の作り方（兵）
三色汁粉（兵）
小豆汁粉（兵）
白餡の作り方（兵）
水晶汁粉（兵）
白餡汁粉（兵）
蒸かすていら（兵）
蒸饅頭（兵）
パンのドウナツ（兵）
パンバタプリン（兵）
ピーナツボウル（兵）

ベークドアップル（士）
マデルケーキ（士）
ダンプリン（兵）
アリュメットボンム（士）
落花生ボール（士）
ショートビスケット（士）
ピーナツマカロン（士）
フルーツジェリー（士）
カスタプリン（士）
注：カシタードプリン？
エクリアシャンテリー（士）
二色羊羹（兵）
香入乳酪冷菓子（士）
注：「バニラバターケーキ」とも読める
香入温菓（士）
バナナの砂糖煮（兵）
林檎の砂糖煮（兵）
桃の砂糖煮（兵）
櫻実の砂糖煮（兵）

ビスケショコラ・アラビアンノ
ワーズ（士）
キルシ酒入オムレッツ（士）

飲み物の部

アブサン水
ジンジャーエールパンチ
白葡萄酒
ブランデーパンチ
シャムパンコクテール
ローマンパンチ
ジンジャーエールコクテール
ホットブランデー
フレッシュレモネード
キュラソーパンチ
アップルパンチブランデー

以上八ページにわたる多数の料理名が『海軍研究調理献立集』からの転載である。もっとも、編纂時の見落としや確認不十分な個所も散見される。旧漢字や送り仮名の混用も多く、用語の不統一もあるが、当時の経理学校の教育レベルや関係教官、職員の専門知識の高さが想像できる立派な印刷物である。日本海軍の食生活史や時代的背景を考えれば貴重な資料であり、今後の海軍食文化史のみならず、日本の食生活史研究の上でも参考とするに価値のある資料であると考えられる。

本書は二四五ページの四六判（横四寸二分＝一二七ミリ×縦六寸二分＝一八八ミリ。B6判に近い）で、表紙、裏表紙に厚紙を用い、装丁も丁寧で、製本専門用語になるが、耳はミゾで仕切られ、背の天地に花ぎれ、背表紙に金文字を押した堅牢な書籍である。奥付がないので発行月日はわからないが、最終ページ（二四五ページ）の文末に小さく【東京・双文館印刷】とあるのを確認した。経理学校が築地時代に発注していた馴染みの印刷所なのだろう。

献立集を見て、まず気づくのが、各メニューの末尾に、（士）、（兵）、（夜）、（患）という区分文字が付されていることである。（士）は士官用、（兵）は一般兵用、あとの二つは夜食用、患者用の略字である。

ライスの部で「鮪《まぐろ》丼（士）」の横に「大根飯（兵）」とあるので、士官が鮪丼を食べているとき一般兵は大根飯を食べさせられていたと受け取りたくなるかもしれない。そういう目で見ると、たしかに伊勢海老料理は全部士官用で、イワシやサバのような大衆魚料理は一般兵用になっていて、歴《れっき》とした身分差が感じられる。これも説明を付けておきたい。

前記したが、士官は食費が自弁だから高級食材が購入でき、傭人たちが魚市場から仕入れていた。下士官兵用食材は国の支給で、軍需部からの納入が基本で、俸給には食費も含まれているという違いがあるからで、差別とよぶと誤解しやすい。そうは言いながら、序文に「これは士官用であるが、兵用にも適用できる」と記してあるものもあるから食材のやりくりはある程度できたのだろう。

魚肉は、当時は輸入品に頼らない種類ばかりで、伊勢海老、蟹《かに》はともかく、鮭《さけ》、鮪《まぐろ》、鯛《たい》、鮃《ひらめ》から烏賊《いか》、鱈《たら》、鯵《あじ》、鯖《さば》、鰯《いわし》など大衆魚も多い、沙魚《はぜ》や浅利《あさり》などは当時の大衆食材だった。獣肉に犢（仔牛肉）が患者用として使われていて軍隊の調達食材として簡単に指定できるものではなく、「牛肉の軟らかい部位」というくらいの意味だろう。士官用に「犢頭酢油汁」というのがあるが、西洋料理でもめったに食べられない珍品料理で、実際に士官たちがそんなもの（仔牛の頭）を食べていたとは考えられない。かといってまったくウソとも思えない。フランス料理に Carre dé Veau Braise（仔牛背肉のブレゼ）などというたいへん手の込んだ料理もある。

フランス料理で著名なシェフ中村勝宏氏も「ブレゼという料理法は手間がかかるので今ではあまり見かけられなくなったが機会があれば作ってみたい」（『フランス料理技術教本』（柴田書店）と言っているくらいだから、そうなると日本の海軍料理はフランス革命前のグルメまであったのではないかと思ってしまう。ウソっぽいが今では確かめようがない。日常食ではなく艦上午餐会とか、遠洋航海での供応食メニューに応用したのだろう。

このころは遠洋航海も盛んで、とくにヨーロッパ方面へ親善外交で訪問することが多かった。この時期は日本海軍の外国訪問も華やいでいた。その実績を抜き書きする。

海軍史メモ　遠洋航海の実績

昭和六年　司令官左近司政三中将　八雲・出雲　基隆、香港、シンガポール、アデン、ナポリ、ツーロン、マルセイユ、マルタ、アレクサンドリア、ジブチ、コロンボ、バタビア、パラオほか

昭和七年　司令官今村新次郎中将　磐手・浅間　台湾、フィリピン、シンガポール、メルボルン、シドニー、ウェリントン、サイパンほか

昭和八年　司令官百武源吾中将　磐手・八雲　シアトル、タコマ、エスカイモルト、バンクーバー、サンフランシスコ、ロサンゼルス、アカプルコ、バルボア、マンサーニヨ、パラオほか

昭和九年　司令官松下元中将　磐手・浅間　基隆、マカオ、マニラ、シンガポール、イスタンブール、アテネ、ナポリ、リボルノ、マルセイユ、バルセロナ、マルタ、アレクサンドリア、ジブチ、コロンボ、バタビア、パラオ、サイパンほか

※日本海軍の遠洋航海はこの時期を頂点として期間、訪問先も縮小気味となり、とくに昭和十二年のヨーロッパを最後にアジア近隣国訪問が主となる。遠洋航海は少尉候補

生の見聞を広めるとともに親善外交が種たる目的だったが、国際情勢も大きく影響した。

昭和9年4月、アテネで無名戦士慰霊行事に参列する日本海軍遠洋航海部隊右下の四幅の軍艦旗の美しさが評判だったという

兎の洋酒煮という士官向け料理もある。フランスのジビエ料理にラパン（野兎）はあるが、当時の日本ではたんぱく源として兎をもっと食用に、という風潮が盛んだった。兵学校でも兎狩りは保健行軍を兼ねたたのしい行事だった。まだクジラ料理はこの料理書に登場せず、国策に沿って海軍で鯨の食用が増加するのは昭和十三年からである。

海軍経理学校衣糧術課程の定番教科書とも言うべき長年使われていた教科書が『海軍厨業管理教科書』で、初版は昭和八年発行になっていて、逐次追加削除されながら下士官兵の衣糧術教育のバイブルとして使われていた。

例の海軍肉じゃがのメニュー発見は昭和十三年版にあったもので、私が昭和六十三年に某テレビ局の番組づくりに協力したとき偶然発見したものだった。

この『海軍厨業管理教科書』は海軍の給食・栄養管理を総合的に編纂したもので、各巻二七〇ページ前後のA5判タイプで、見開きに経理学校長の「命令 本書ニ依リ厨業管理ヲ修得スベシ」と素っ気ない一行が記してあるだけで序文も何もないが、内容は豊富である。掲示したものは昭和十七年版であるが、太平洋戦争のさなかであり、この版をもって経理学校発行の教科書は最後になったようである。確認できないので「…ようである」としか書けない。

『海軍研究調理献立集』の解説をすると言いながら経理学校で最も長い期間教科書として使われた『海軍厨業管理教科書』のことを書いておきたく遠回りになった。

前掲の約四〇〇種の各献立には簡単なレシピが記してある。レシピとは料理を作る上での説明で、本来材料とその分量を記して作り方を記すのが普通であるが、海軍の料理書のほとんどは慣例的に分量表示が省略されている。

数年前、大阪の某料理学園のN教授がこの教科書を見たらしく、「これはレシピとは言えませんよ。分量も書いてないし、説明もおおざっぱでこんなものは料理書とは言いませんよ」と不満げな所見だった。それは私もとっくに気づいていた。分量表示をしないのは一見不親切にみえるが、海軍の教え方にはそれなりの考えがあったようだ。

「海軍経理学校は基本を教えるところで、おたくの料理学校の教え方のような細かい指示はせず、必要な場合だけ牛肉二〇〇匁とか、砂糖一斤とか書いてはあります。経理学校は初歩から教えるのではなく、新兵としてある程度現場を踏んだ主計科員を教育していたので、基本だけ教えるからあとは工夫しろという教育だったと聞いています。だから同じ献立でもフネによって違うものが出来上がったと聞いているし、自慢できる料理を目指したのだと思います」と答えておいた。研究心を醸成する上で、海軍の教育のほうが進んでいるとも感じた。

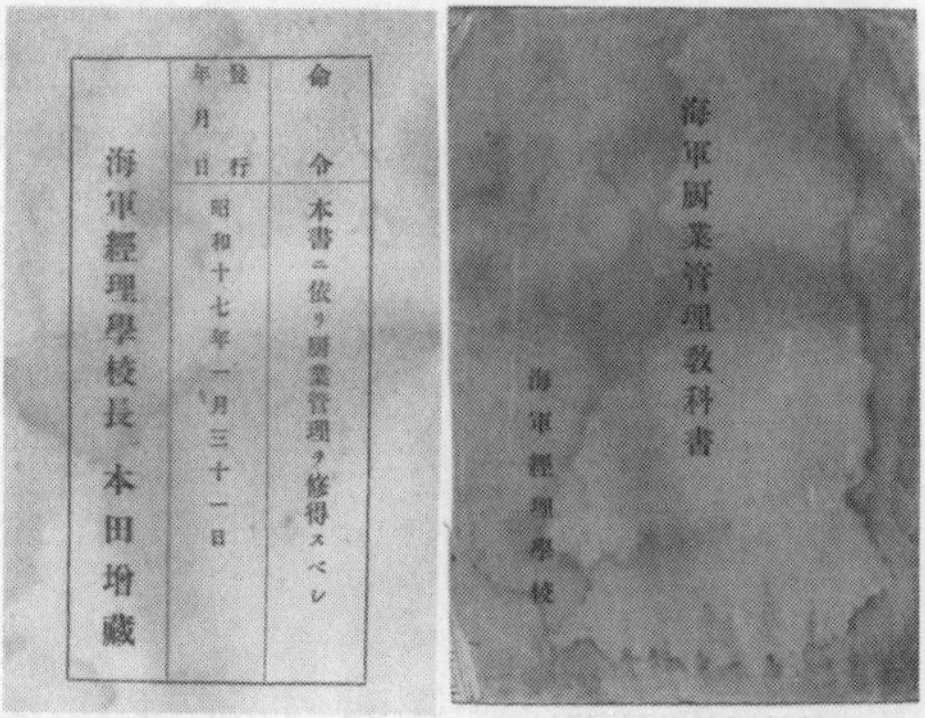

昭和17年海軍経理学校発行の『海軍厨業管理教科書』。昭和11年初版（？）から改定を重ね、本書が最後の発行となった

広島のプリンスホテルの料理長から請われて海軍料理書を見せたときは、「明治時代にこういう料理書を発行した日本海軍には相当技術が高いものがあったことがわかります。私もむかし師匠（著名なフランス料理研究家中村勝広氏）から受けた教えと同じです。あとは自分で考えろという教育の仕方がいいですね」と称賛していた。

人によって受け取り方は違うが、「基本的なことだけ厳しく教える。細かいことはあまり言わず自分で考える余地を残す。あとは自分で研究せよ」という海軍式（？）指導法のほうがいい教育法だと私は思っている。

料理ばかりでなく、いろいろな教育に適用できる。山本五十六の言葉「やってみせ　言って聞か

せて　させてみて　誉めてやらねば人は動かじ」のとおりだと思う。本稿第二部のテーマを「海軍グルメ成り立ちの背景─教育と実務」としたのもその主旨である。軍隊だけでなく、企業等においても大事なことは人事と教育であると私は思っている。企業でいえば、人事管理がしっかりしていれば社員もやる気が出る。加えて甘やかさないできびしく教育し、結果が出たらその努力に報いる処遇をする─やはり山本五十六の「やってみせ」の言葉どおりである。厳しいノルマだけでは士気は上がらない。

話を戻して、対比的にいうと、陸軍にも野戦料理の指南書『軍隊調理法』という立派な参考書がある。こちらは基本が一人前で、化学実験でもするように食材の分量が丁寧に書いてある。「北海煮」という身欠きニシンを使ったメニューで言えば、「鰊30g、大豆50g、昆布10g、削り節4g、砂糖10g、トマトソース10ℓ、醤油30ℓ、米糠20g、唐辛子粉少量」といった具合で、飯盒でこの通りにやればだれでも作れる。陸軍にもいい料理があるので第三部でそのいくつかを紹介する。

それにしても…『海軍研究調理献立集』に登場するメニューは多彩である。「鳥及び卵の部」は「野鴨の醤油煮」から始まり「山鳥の甘酢煮」「鶉の甘煮」「雛雞葡萄煮」「潰鴨の煤焼」などへと続く。料理名を列挙したあと二四五ページを割いてそれぞれの料理法が書かれている。

と言っても、多種の料理であり、前述したように詳しい説明ではなく、材料の分量指定はないのがほとんどで、ときどき「三百五十匁くらいの鶏一羽」とか「豚肉三十匁、酒二勺」

とか「鰯二十尾」「牛背肉十斤」とかは記してあるが、それはごく一部である。それでも少し経験がある者が読めば間違いないイメージができる。失敗したり、得体のしれない料理ができあがるとは考えられない。前記の大阪の料理学園の某教授のように、「これはレシピではない」とクレームをつけるほどのことはない。科学的教育とは自分で考えさせることだと私は思っている。

海軍料理と聞くと「西洋料理」と結びつけてしまいがちだが、フランス料理をベースにした西洋料理は外交的必要から「こういうこともできる」といった意味から生じた技術が向上した結果だったと思われる。プロトコル料理には国威が懸かっている。

一方では、やはり日本海軍将兵は日本料理（和食）が好きだった。第一部で、士官はマイバシ（自分の箸）を持っていて、士官室では従兵が間違いないように食卓に置いた（席は先後任順に厳然と決まっている）。転勤のときはマイバシを大事にカバンに入れて任地へ行き、着いたらすぐに自分の箸で飯が食える態勢にあったことは書いたとおりである。

海軍最初の料理書『海軍割烹術参考書』で、舞鶴海兵団で最初に新兵に教える料理は「日本料理之部」であり、しかも「鮨ノ調理法」から始まっている。これは驚くべき（？）というか、ずいぶん大胆な教え方である。

日本料理を一から教えようとするのなら、まず飯の炊き方がいちばん先に来そうなものだが、それを通り越していきなり「鮨（寿司）」である。

しかし、考えてみると「すし」こそ日本料理の手法の基本が網羅されている料理である。

琵琶湖周辺の名物に「鮒《ふな》ずし（熟鮨《なれずし》）」がある。稲の伝来とともに東南アジアから伝わったともいうが、古代（奈良時代）から地産のニゴロブナを使って、塩と飯で長期間漬けこんで発酵させた鮒ずしこそ日本食文化の集約されたものであり、初めて食べる者には臭くてとても食べられないが、三度目くらいから味がわかるようになり、日本人の知恵と文化に圧倒される（筆者の体験的感想）。保存の利くこのようなグルメを考え出した大和民族に尊敬の念さえ抱きたくなる。数多い日本料理の中で鮒ずしを原点として発展した「鮨」から教えようという日本海軍はスゴ～いと思わずにいられない。

鮨、寿司、寿しなど便宜的に漢字を充《あ》てるが、握りずし、押しずし、散らしずし、ばらずし、五目ずし、地方色のある奈良の柿の葉ずし、富山の鱒《ます》ずしなどみな原点は同じで、保存性もある和食文化である。作り方や出来上りは違うが鮒ずし以外、基本的手順はどれも一致している。飯を炊く、魚を卸《おろ》す、酢・砂糖・塩のすし酢をつくる…海軍教科書にある「鮨」とは握りずしではなく、散らし寿司に近いもののようで、干瓢《かんぴょう》や生姜も使い、盛り付け段階で酢締めにした魚の切身を上面に並べた見栄えのいいものになりそうである。いかにも下士官兵たちが喜びそうな〝祭り寿司〟のようなものである。

蛇足になるが、近年の調査によると、来日する外国からの一般旅行者が日本でいちばん食べたい和食は握りずしだという。また、在日外国人（とくにヨーロッパ系人種＝言い方が不適切かもしれないが）がいちばん好きな日本料理も握りずしのようである。むかしは魚を生で食べる習慣がなかった他国人も刺身のおいしさ、醤油のうまさ、わさびの独特の刺激がわかったようだ。日本料理は健康的料理であることも理解されてきた。

一〇年ほど前、ニューオリンズでクレオール料理の半日料理教室に入学（?）したことがある。三〇名ほど〝生徒〟（主に観光客）がいて、白人のおばさん校長先生と雑談をしたとき、「一度、日本へ行ったことがある。アサクサで食べたオスシが美味しかった。ライスがワンダフルだった！」と言っていた。そりゃ、そうだろう、この辺（ルイジアナ州）はルイジアナ米といってフランス領時代からの長粒種はパサパサしていて炊いてもとても握れるものではない、せいぜい南部名物のジャンバラヤ（炊込みメシ）にしかならない。

醤油についていえば、私が栄養学校で学んだ当時（一九五七年）の食品学講義では、醤油を欧米人に嗅がせたら「まるで洗濯前のパンツのようなにおいだと顔をそむけた」と聞いた。しかし、日本の醤油はパリ万国博（一九〇〇年）でも伊万里焼の焼物に入れて出品されており、中身の醤油（ソイビーン・ソース）の佳《よ》さをいち早く知ったというフランスのシェフもいた。現在ではショウユは西洋料理や洋菓子にも補填調味料として使われている。

やはり、日本海軍は鮨《すし》の文化度の高さを知っていたと思っていいようだ。

もうひとつ、どの海軍料理書でも扱いが詳しいのが野菜料理である。

この『研究調理献立集』の野菜の部で最初に挙げてある献立は花椰菜濃羹という士官用の汁物で、見慣れない漢字が使ってあるが、花椰菜とはカリフラワーのことである。いまでこそカリフラワーやブロッコリーは家庭用食材としてよく食べられるが、昭和七年時点ではどうだったのだろうか。

このアブラナ科の植物の白い花蕾部分を食材とするカリフラワーは十五世紀からフランスやイタリアで食べられていたというが、改良されて現在の形になって日本に渡来したのは明治初期である。西洋野菜の一つとして栽培されたが庶民が食べるような野菜ではなかった。家庭で食べるようになったのは戦後の進駐軍による普及ともいう。

ブロッコリーも同じで、こういう西洋野菜料理が昭和七年の海軍料理書で紹介されているのも「ホントかな?」と思いたくなるくらいだ。士官用となってはいるが、食材仕入れの難しさを考えるとホントにカリフラワーのポタージュスープを日常食べていたとは考えられないが、献立としては〝あった〟のである。カリフラワーのポタージュスープ(濃羹)は、いったん塩茹でしたカリフラワーの花蕾部分をミキサーにかけて濃いスープにしたもので特有の香りもあり、甘みもある健康的料理ではある。

しかし、注目したいのは、こういう西洋野菜を使った料理よりも、日本本来の野菜料理が海軍料理書に多いことである。いちいち説明せずとも名前を聞いただけですぐイメージできる料理が多い。鉄火味噌、鶉豆の煮物、お多福豆の煮物、筍と大豆の甘煮、ぜんまいの信田煮、茄子の辛子和え、南瓜の含め煮…むかしからある伝統料理が多い。乾物応用料理も多い。

野菜の部の終わりのほうに釈迦豆腐というのもある。兵用になっている。確かにご馳走というほどのものではない。江戸中期の料理書『豆腐百珍』に登場する豆腐料理で、木綿豆腐を賽の目に切り、ザルでゆすって角を取り、くず粉を振ったものを豆腐にまぶして油で揚げるという珍料理である。出来上がりがお釈迦様の螺髪(渦巻頭)状になるのに由来する。いまではそんな豆腐料理は家庭でもしない。

この『豆腐百珍』を知っているのはよほどのモノ好きか江戸時代の料理に関心がある人だろう。著者は酔狂道人何必醇《すいきょうどうじんかひつじゅん》、通称何必醇《なにひつじゅん》で知られる教養人だったと思われる。食文化史では知られるが、本名は曾《そ》谷學川《たにがくせん》というらしい。どこまでホントかわからない。サンケイ新聞の読み物欄にときどき登場する歴史上の人物でもある。海軍が知ってか知らずか、こんな出典の料理を教科書に入れるところがなんとも愉快である。

この調子で『海軍研究調理献立集』に掲示されている献立を解説していたらいつまでも終わりそうにないのでこのくらいにして、あとに続くサラダの部、ライスの部、麺類の部、菓子の部、飲物の部にも説明したいものがあるが割愛せざるを得ない。気になる一つをいえば、海軍のスイーツ（甘味品）だけ付記しておきたい。

スイーツばやりの昨今から考えると、海軍では明治後期から和菓子、洋菓子ともに主計員は作り方を勉強していた。その状況は第一部の「海軍スイーツ事情」の項で書いたとおりであるが、この献立集の「菓子の部」で最初に登場する「苺ジェリパイ」はもちろん洋菓子であるが、海軍最古の教科書『海軍割烹術参考書』（明治四十一年発行）でも最初に出てくる日本ではなじみの薄い「セイゴプリン」となっているのはなぜだろうか?

日本料理の部の最初が「鮨ノ調理法」というのは、前述したように和食の総合的応用料理という意味で最初に選んだ理由はわかるが、明治後期の教科書の菓子の部ではセイゴプリン、昭和七年の教科書の「菓子の部」では苺ジェリパイ…を選んだ理由がよくわからない。セイゴ（サゴ椰子樹幹から採る澱粉）にしろ、タピオカ（キャッサバ芋の根茎から採る）にしろ、日本海軍は遠洋航海でよく東南アジアにも寄港していたので南方産食材も入手しやすかったのかもしれない。

「兵隊（兵士）には甘味品を与えておけば士気が上がる」と言われていた。拙著『日本海軍ロジスティクスの戦い』（潮書房光人新社刊、二〇一九年）の「間宮羊羹」の項にも書いたが、私の中学生のときの体育教師は元陸軍中尉だったとかで、「兵隊とは異性を見ては奇声を上げ、甘味品を見ては歓声をあげるものなり」と定義し、「甘いものを食わせとけばよく働いた」と授業で聞いた。携帯用の乾パンの袋に金平糖を数粒入れるようになった（昭和十六年）だけで、それまで不人気だった乾パンの消費量が上がったという。

スイーツだけで戦争は出来ないが、アメリカ海軍もアイスクリームだけは絶対に切らしてはいけないというロジスティクスの原則（？）があるらしい。昭和五十九年当時、私が護衛艦隊司令部幕僚勤務のとき共同訓練の打ち合わせで第七艦隊司令部へ行く要務があった。私は監理幕僚なので訓練終了後の佐世保での懇親会（打ち上げ）をどうするか、という調整である。「アルコールも準備する」と言うと、普段艦内飲酒できない（海上自衛隊も同じではあるが）米海軍はとくに喜ぶ。「じゃ、ウチからシャーベットを一〇ガロン（三七リットル）提供する」――そんな打ち合わせをした。日米協力とはそういうことも含まれる。

昭和二十九年五月、日米相互防衛援助（ＭＳＡ）協定発効に伴う貸与駆逐艦二隻を受け取りに第一回回航隊が渡米、米東海岸チャールストン海軍工廠で受領し、パナマ運河経由で翌年二月に横須賀に回航した。その回航隊の一員だった松岡正徹氏（元陸軍中尉、のち海将補）に後年私は部下として仕えたとき、東大卒らしいユニークなロジスティクス論を聴いた。この松岡氏は江田島教官時代も単身生活だったので、それをいいことにしばしば寝泊まりさせてもらい資本論から国防論まで高度な学問まで教わることができた。

「なんでもアメリカの真似をするのはよくないが、基本的に違うのは最高指揮官が部隊のメシのことまで知っていることだ。オレは陸軍だったが、大陸（中国）でも、兵站が不足してはじめて連隊長が知るという手遅ればかりだった」とぼやいていた。

回航員として米海軍駆逐艦（「あさかぜ」「はたかぜ」と命名）を受け取ったとき、海上自衛隊員がまず驚いたのはアイスクリーム製造機が装備されていたことで、それを見ただけで隊員の中に「やっぱり日本は負けるはずだ」と慨歎《がいたん》する者もいたという。

ロジスティクスの違いはスイーツ供給能力の有無だけでわかるのかもしれない。

第三部　海軍料理、ウソとホントの余話

目分量の大事―レシピに頼らない料理づくり

料理の作り方には目分量という物差しがある。計量器を使わずに目で見て調味料や材料の使用量を決めることを言うが、これこそ経験が決め手で、初心者には「目分量」と言っても分かりにくい。

「海軍の料理書には分量が書いてないものが多い」と前記した。

家庭料理書でも塩ひとつまみとか塩少々とか書いてあるものが多いが、「塩ひとつまみと は何グラムなのかしら？」と主婦が悩むことはないようだ。ひとつまみとは、親指と人差し指でつまんだ量なのか、中指を加えて三本でつまんだ量なのか…考えるとかえってむずかしくなる。

家庭料理書（通常四人分）での「少々」は親指と人差し指でつまんだ指二本分、「ひとつまみ」は中指を加えて指三本分と書いたものが多い。手や指の大きさも違うし、「通常」というのも一律ではない。

ひとつかみになると、さらに違う。例が適当ではないが、大相撲では場所中一日に四五キ

ロの塩を土俵で撒《ま》くという。二〇〇〇年九月に引退した水戸泉関（高砂部屋、関脇）は取組前の豪快な塩撒きでも人気があった。水戸泉の塩一掴みとなると量も違ってくる。この時期もう一人塩撒きで人気のあった力士もいる。水戸泉とは対象的にほんのひとつまみだった。四股名も挙げたいが、話が逸脱し、土俵の外での相撲みたいになるので割愛する。

私の初出版著作は『自炊のすすめ』（グラフ社、一九八六年十月刊）という新書判だった。そのころは海上幕僚監部経理補給部で衣糧班長として勤務していて、周囲に単身赴任者が多く、食生活が問題になっていた。単身生活者の食事と健康管理のために出版したのがこの著書で、自衛隊員ばかりでなく国内で拙著が話題になった。自慢めいたことを書いているが、実際は防衛庁記者クラブの人たちのPR（記事）のおかげというのがホントの話である。

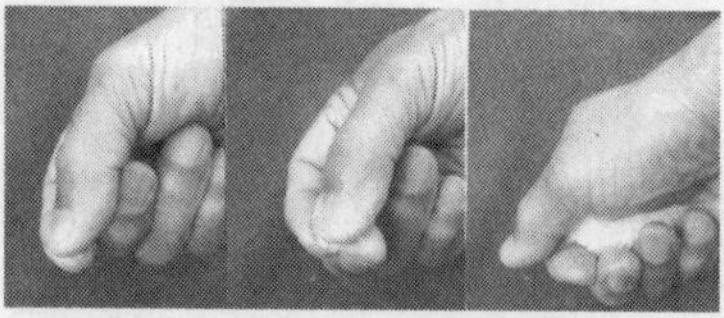
一般料理書で示す塩の目分量、左から「塩少々」「塩ひとつまみ」「塩一握り」（一握りも使う家庭料理はめったにないが参考まで）

執筆中、職場の同僚、上司にも食生活の実態を知るため取材した。いちばん上の上司の経理補給部長升永貞幸海将補（防衛大一期）は、いかにも福岡の自称「田舎育ち」らしく（？）「ボクは、塩や醤油の分量なんてあんまり考えない。塩を入れ過ぎたからといって即死するっちゅうこともないしネ。でも、塩ひとつまみを塩ひとつかみと間違えるモンもおるかもしれんから、そこだけしっかり書いてよ」と励まされた。升永氏は自分では「田舎育ち」と言っていたが、造り酒屋の家の育ちなので、麹やもろみを扱う〝正確な目分量〟が

肉じゃが　材料（4人分）

牛赤身肉（薄切り）… 200ｇ
じゃがいも……………大4個
玉ねぎ……………………1個
砂糖 ………大さじ2 1/2～3
しょうゆ …大さじ2～2 1/2
絹さや …………………… 6枚
塩 ………………………… 少々

解説　おふくろの味として一番人気のおかず、老若男女を問わず誰でも大好きな肉じゃがは調味料を入れるタイミングや下ごしらえにそのおいしさの秘訣があるのです。

料理研究家　城戸崎 愛

著者コメント
家庭料理家として著名だった城戸崎愛氏とは昭和６３年に一度テレビ番組で一緒で、気さくな人だった。
上の肉じゃがは海軍式と違いがあるが家庭料理では問題ない
2020年2月15日死去（94歳）

要求される仕事を見て育ったはず。調味料の分量については面白く表現しただけだろう。

たしかに、ひとつまみとひとつかみは全然違う。幹部自衛官といっても料理オンチが多く、常識が通用しないこともある。第一部で、自分の誕生日の赤飯を炊くのに米と一緒に乾物のままの小豆を入れて炊いた単身赴任の幹部自衛官がいたのを書いた。こういう人に目分量と言ってもわからない。「適量」というのも〝常識〟を前提としたものであり、経験則がないと適用できない。そこが海軍経理学校の「常識で考えろ」だったようだ。その意味では曖昧な分量であるが、それが日本式のいいところなのかもしれないが…。

しかし、塩少々とか胡椒少々ならいいが、二杯酢や三杯酢のつくり方になると「適量」というわけにはいかない。「醤油1、酢1、味醂0・5の割合で…」というような表現になる。海軍の料理は「何人分」という単位がないので分量を書きにくい。その点、陸軍は飯盒で一人分をつくる料理書なので材料の分量も明記できるという違いがある。

ちなみに、家庭料理書での材料表示の仕方の例を挙げると、「肉じゃが」は『クッキング基本大百科』（集英社、二〇〇一年刊）では右のように示してある。

ついでに、フランス料理専門家による材料表示の例を紹介しておこう。中村勝宏氏著作の『フランス料理技術教本』（柴田書店、二〇〇一年刊）から引いてみる。

第二部で書いたようにフランス料理の日本語訳には献立名が長いものが多い。左の「アマダイの蒸し煮」も中村氏による命名では「軽く昆布じめにした甘鯛の切身と白菜の蒸し煮のソース・ヴィネグレット添え」という長～い名前になっている。まさにフランス版寿限無寿限無である。

【材料】（2人分）
甘だい4切れ（1切れ40g）　白菜（中のやわらかい部分）100g　セミドライトマト（太めの棒状に切る）少量　ゆずの皮（みじん切りを乾燥させる）少量　ハーブ（セルフイユ、ディル）少量　昆布少量　塩　こしょう

●ソース
オリーヴ油60cc　トマト（みじん切り）20g　バルサミコ酢20cc　ゆずの皮（すりおろす）少量　ゆずの絞り汁、レモン汁各少量　甘だいを蒸した時に出る汁少量　塩　こしょう

【ワイン】
「和」のイメージが強く、繊細な料理には、ハイクオリティーなプレステージシャンパンを合わせたい。
モエ・エ・シャンドン　キュヴェ・ドン・ペリニョン
Moët&Chandon Cuvée Dom Pérignon '92

家庭料理とフランス料理専門家のレシピのサンプルを紹介したので、比較の意味で前記した陸軍料理書のことにも触れておく。出典は陸軍野戦料理のバイブルとも言うべき『軍隊調理法』（昭和十二年刊、陸軍省検閲版）で、序文（解説）に、

「この書は元来、軍隊のための調理法であるから、これによって家庭料理を行なう場合は種々の点を心得ておく必要がある」

「分量表示は大半は一人分であるが、ときには十人分又は千人分があるから留意すべきこと」

「単位とした度量衡は、容積はリットル、ミリリットル、ときには尺貫法で表す」

「味付けにおける調味料の分量は、軍隊調理としての基準を示しているにすぎないから、家庭においては各自の好みに応じて味の濃淡を加減

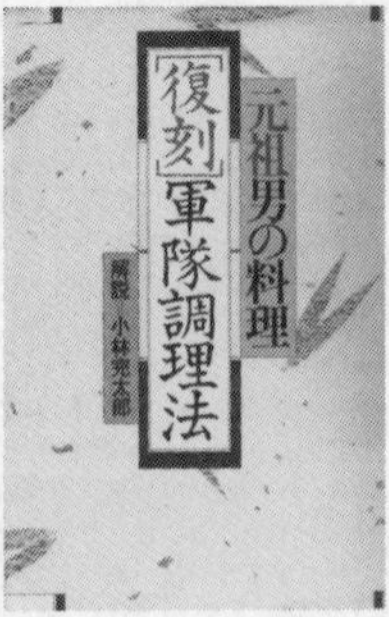

陸軍省検閲済『軍隊調理法』（昭和12年７月）の復刻版。野外でも手軽につくれる陸軍らしい献立が約280種あり、利用価値も高い

すべきである」…

「味付けの主体は醤油と塩と砂糖であり、天つゆの場合でも味醂《みりん》は用いない」

…などなど、いかにも律儀な陸軍らしい行き届いた解説がしてある。

「基本は一人分であるが、たまには千人分がある」という説明がおもしろい。一人分と千人分ではそれこそ「ひとつかみ」と「ひとつかみ」どころの違いではない。陸軍には几帳面なところと大胆（?）なところも強い。そんなバカな間違いはないだろうが。

塩を入れ過ぎて死んでも名誉の戦死になるのか、ヘンなところに気が回る。瀬間喬元海軍主計長が南方の毒魚鑑定のための試食をしながら「これで死んだら靖国神社には祀られんだろうな」と一か八かでタイに似た魚を南方戦域で食べたときの述懐を思い出した。実際、ドクダイを食べた（食べさせた）軍医長の飼い猫が食後泡を吹いたり走り回ったりして軍医長が猫の看病に忙しかった話は『海軍主計大尉小泉信吉』（新潮社刊）にもある。人間も一時的に手足がしびれ、口まで〝フィビれる〟らしい。

余談はさておき、『陸軍調理法』の「ちらしずし」から転載しておく。「散らし寿司」を選んだのは、海軍のいちばん古い教科書が「鮨ノ調理法」に始まっていることの対比のつもりである。

このちらしずしの分量に関してはなにもコメントすることはないが、エネルギー量も併記されていて生化学的でもある。作り方に至ってはじつに丁寧で「飯はやや硬めに炊く。米一・四kgに対し、水一・八ℓの割合とす」などと書いてある。

第一部でも書いたが、日本陸軍は長州の体質を受け継いだからか、身分的に上下に厳しく、几帳面なところがある。

「ハイ、自分もそのように思うでアリマス！」とフンドシ姿のままでもかしこまって敬礼する生真面目さがある。

陸軍では郷土料理を大事にした。海軍の食事には地域的特性はほとんどない。よく言えばインタナショナル（？）。その点、陸軍の飯盒での煮炊きはだれでも作れる料理が多く、家庭料理でも応用できる知恵があ

一三、ちらしずし　　熱量　一、三二三カロリー
　　　　　　　　　　蛋白質　三五・七〇グラム

材料（一人分）
精米　二六二グラム　豚肉　七〇グラム　人参　一〇グラム
蓮根《れんこん》　一〇〇グラム　椎茸《しいたけ》　二グラム　砂糖　一〇グラム
醤油　五グラム　酢　三〇ミリリットル　食塩　二グラム
紅生姜《べにしょうが》（または海老《えび》）少量

準備
イ、豚肉は細切《こまぎ》りとなしおく。
ロ、椎茸はざっと洗いて水に浸《ひた》し置き、軟かくなりしとき石突《いしづ》き〔きのこ類の土につく最下部〕を去り、細《こま》かに切り置く（浸し水は捨てざること）。
ハ、人参は薄く銀杏切《いちょうぎ》りとなしおく。
ニ、蓮根は細《こま》かく薄く切りて硬目に茹《ゆ》でて、酢、砂糖、食塩にて味をつけおく。
ホ、酢に食塩一グラム、砂糖二グラムを混じ、攪拌し置く。
ヘ、飯はやや強《こわ》目に炊き置く。（米一・四キログラムにたいし水約一・八リットルの割合、すなわち容量の等量）

調理
イ、鍋に豚肉を入れて空炒《からい》りし、椎茸の浸し水と焦げつかぬ程度に水を入れ、人参、椎茸を加え軟かく煮て、砂糖、食塩と少量の醤油を入れて調味す。
ロ、飯を半切り桶に移すとき、合わせ酢をよく撒《ま》き散らしつつ、団扇《うちわ》にてあおぎながら攪《か》き混《ま》ぜ、やや冷《さ》めたるとき豚肉、椎茸、人参、煮汁を混ぜ、最後に蓮根を入れて飯を練らざるよう混ぜ、上より焼き海苔または紅生姜を振りかける。

『軍隊調理法』の陸軍式ちらしずしのレシピ

るので、項をあらためて紹介する。陸軍の部隊編成は出身県の寄合いのような傾向が強く、広島、山口、福山、浜田に常備（昭和七年の編成）された第五連隊（広島）も兵員はそれぞれの地方出身者で占められている。そうなるとメシのおかずも違ってくる。第六連隊・歩兵第四十五（鹿児島）ならさつま汁、第七連隊・歩兵二十五（札幌）なら石狩鍋を食べさせれば兵は喜ぶ雰囲気があった。

陸軍はとくに食事に関しては兵の意見を尊重した。陸軍が麦飯を忌避して日露戦争でも戦死者よりも脚気による死亡者が多かったのも、連隊長の中に兵たちの気持（麦飯を嫌がる風潮）をおもんぱかり過ぎたからという教訓もある。統率の問題でもある。

統率とは命令と服従の問題であるが、軍隊でも命令すれば兵士は素直に服従するというものではない。そうかといって民主主義（？）や〝和を以て貴しとなす〟をはき違えては戦力は維持できない。ここに教育の難しさがある。企業でも同じだと思う。

その教育について、海軍ではどんな現場教育をしていたかを記す。

海軍式徒弟制度教育の功罪

第二部での海軍の教育システムの続きのようになる。前記したのは海兵団、経理学校等専門術科の教育機関での教育だったが、学校では、しばしば「それは実施部隊で考えろ」とか、「現場で工夫することが大事なのだ」と指導されたことも書いた。

ここでは主として部隊での現場教育がどのようなものだったか、むかしの主計科員から聞いた体験談をもとに記す。

海軍主計兵に対する現場教育について聞いた中で最も真相に近いと思ったのは元主計科兵曹だった盛満二雄氏の体験談である。海上自衛隊時代はかつての私の直属の上司でもあり、それより以前の昭和三十四年に海上自衛隊最初の佐伯栄養専門学校の国内留学生として栄養学を学んだ元主計科の下士官である。つまり、盛満氏とは私が佐伯栄養専門学校職員時代からの知り合いだった。温厚な人柄で、下級兵時代の苦しかったことでも冷静に過去を振り返り、海軍食生活史や勤務体験を部内誌に多く遺している。

第二部「ある主計員の経理学校生活」の項で記したが、盛満氏は経理学校主計員として衣糧課程の乙種練習生教程（主計科兵の教育課程）と高等科衣糧術練習生教程（主計科下士官の教育課程）を修業しており、昭和八年前と太平洋戦争前の海軍の雰囲気も十分体験しているので、混乱しがちな海軍教育の実態が理解しやすい。

（注：しばしば教程の名称や修業期間が改正され、とくに昭和七年から十三年の改編がはげしく、わかりやすい説明がしにくい点をお断りしておく）

何かと言うと「お前ら気合が入っとらん」とか「たるんどる！」と言われて先輩からすぐにビンタを食らったのは昭和七、八年以前のことで、昭和十年を過ぎるとビンタ、バッチョク（罰直）は少なかったと盛満氏は言っていたが、それは自分も兵長や下士官だったからで、下級兵への指導は伝統的に厳しかった。部隊（フネ）による違いもあるのだろうが、一般的に主計科のシゴキは他科（兵科、機関科等）よりも厳しかったというのがホントのようだ。

巡洋戦艦霧島（32,156トン）大正４年４月三菱長崎造船所で建造。昭和17年11月第三次ソロモン海戦、サボ島沖で米戦艦サウスダコタと交戦、沈没

『海軍めしたき物語』の著者高橋孟氏の入隊（佐世保海兵団）は昭和十六年一月、四ヵ月後の四月に海軍最下級兵として実施部隊に配属された。フネは戦艦「霧島」。大きなフネになるほど躾《しつけ》教育が厳しく、「鬼の霧島、蛇の金剛…」などと言って指導の厳格なことでも知られていた。

　ワシントン軍縮条約締結（大正十一年）前に辛うじて廃棄や建造中止を免れた大型艦はとくに気合が入っていて、伝統にもなっていた。

　金剛型戦艦四隻（金剛、比叡、榛名、霧島）は大正二年から四年にかけて就役した巡洋戦艦で、日本海軍の虎の子だった。一四〇〇名の乗員の中の最下級兵だからウロウロしては殴られ、モタモタしては叱られ、その悲哀は高橋氏の著作に詳細に記されている。同型艦が揃い、同一戦隊を編成すると躾教育の厳しさまで競うようになる。切磋琢磨はいいが、やたらに厳しさを自慢し合うのは弊害もある。鶴見二尉は「金剛」の甲板員だったらしいが、上陸時に同年兵に出遭って「金剛に乗ってる」と言うだけで相手は後ずさりするくらい一目置かれたと言っていた。海上自衛隊時代の鶴見二尉は「鬼の金剛、蛇の霧島」と固有名詞の順序を入れ替えていた。水戸の生まれか、「江戸」を「井戸」と言い、「井戸」を「江戸」と発音し、それで何度かビンタを食らったとも言っていた。つまらないことでビンタを張られることが多かった。

戦後誕生の海上自衛隊で三等海尉や二等海尉になった人たちは海軍で水兵としてしごかれた体験も懐かしい思い出話として話してくれたが、我慢と忍耐の水兵時代だったのだろう。もっとも、ある人は「飛行場の草取り作業では、草取り前に何の理由もなく飛行場往復駆け足をやらされた。そうやったほうが作業効率が上がるんだそうだ」と苦笑していた。

二〇〇五年十二月公開の東映映画『男たちの大和／YAMATO』で、主演の反町隆史は二等兵曹の烹炊員長。「うまいメシを食わせてこそ戦力になる」という主計科魂を持っていて、柔道稽古相手の、同年兵の中村獅童とは仕事は違う（砲術員）が助け合う仲だった。あるとき、艦内で機関科の先輩から私的なことからひどい制裁を受ける。見かねた中村獅童二等兵曹がその上級者をこっぴどく仕返しして映画を観る者も溜飲が下がる。

これは映画の話。後述する手塚正巳氏の「武蔵」関係者への取材では、戦闘で負傷して動けない上級者が、かつていじめた下級者を見かけて「助けてくれ」と哀願するのを無視した水兵の話を紹介している。「江戸の仇は長崎で」だったようだ。

映画の「大和」は平均的海軍内部の私的制裁を表現したもので、昭和十九、二十年の戦局、負け戦の連続で、「大和」ではもうそんなイジメどころではなかったという話もある。

昭和四十一年に私が勤務していた第一駆潜隊の駆潜艇「たか」に砲術長戸田次男二等海尉がいて、水兵のとき「大和」に乗り、最期となる出撃直前に砲術学校入校になったため難を逃れた人だった。その人も、「大和では一度もビンタやバッチョクを食らったことはなかった。もうそんなことをやってるときではなかったのかも」と言っていた。

二十年四月の出撃で「大和」は戦没、四時間漂流ののち奇跡的に生還した測距員・八杉康夫水兵長に、二〇二〇年八月に呉市の町おこしの協力で同行し、福山の同氏の自宅で話を聞くことができた。取材のとき八杉氏は八二歳だったが、ピアノ調律師だけに耳も確かで、海軍時代の生活をしっかりした口調で話してくれた。

「周りは少年兵の自分に優しくしてくれた」「第二士官次室の従兵もやっていたので若い主計科員たちとは日ごろ交流もあったが、いやな話を聞いたことはない」と言っていた。

第二士官次室というのは水兵からたたき上げで中尉、少尉、兵曹長になった優秀な下士官出身者の部屋で、平均的に年配者が多いが、みな努力家だけに物分かりがよく、とくに下級兵時代の苦労も味わっている。こういう先輩ばかりなら新兵も仕事以外での苦労がないが、そうは問屋が卸さない。ちょっとしたことで上級者が嫌がらせをする。自分も大阪出身なのに、「大阪出身兵が〝おまへん〟などと大阪弁を使っただけでビンタを食うのを見た」と言っていた。八杉康夫水兵は周囲からも好かれる人柄だったのだと、会ったときに感じた。

「大和」では、烹炊員もみな張り切っていて三田尻から出港するときもいつもと変わらない雰囲気だった、第二士官次室へ出すオムライスを次々に手際よくつくり、「ハイヨ！」と差し出す主計兵の手並みもいつもと変わらなかった。そのつど「ハイ！」と言って受け取り、烹炊所と第二士官次室の間を忙しく行き来した様子を昨日のことのように語ってくれた。

もっとも、八杉少年兵が憧れの戦艦「大和」に乗ったのは昭和二十年一月十二日で、もう戦局も末期症状、乗組員総員が、いつ出撃して討死するか覚悟し、その命運を感じているときだからシゴキやバッチョクどころではなかったというのが実態らしい。実際、三ヵ月後の四月六日が「大和」の命運が尽きる日となった。

太平洋戦争になるとフネによっては副長等を通じて私的制裁禁止令も出たようだ。戦艦「大和」の場合は、竣工が開戦一〇日後の昭和十六年十二月十六日のこともあり、その後の各艦長からも部下指導についての達しがあったと伝えられている。「大和」だったからかもしれないし、ほかのフネには依然として〝あった〟のかもしれない。手塚正巳氏の著書『海軍の男たち—士官と下士官兵の物語』（ＰＨＰ）に描かれる戦艦「武蔵」ではシゴキの模様がある。「武蔵」の竣工は「大和」より九ヵ月遅い昭和十七年八月だが、『海軍の男たち…』では広い兵員烹炊所での主計科の「総員集合」という教育方法の模様がつぶさに記されている。

教育はなによりも大事だが、徒弟制度が発展したような暴力をともなう教育方法はあってはならないことで、どういう方法が教育効果があるのかは統率の問題である。相手は人間であり、牛馬とは違うことが教育の基本になる。手塚正巳氏が兵学校出身者に取材したときには鉄拳制裁に「是」を唱える者もいて、「殴らないというのは紳士的で良いように見えるが、ダラダラとお達しされるよりも、さっぱりと殴られて終わりにされる方がよかった」「軍人の卵は、殴られて殴って強くなるものだ」という意見もあったという。現代には通じないが、パワハラ問題が頻出する昨今の上級者の課題でもある。

どういう教育の仕方でも功と罪はある。程度の問題であるが、むかしの徒弟教育のような指導はいまの時代に合わないのはわかる。むかしは、大相撲の親方は竹刀を片手に稽古場で立ち合っていた。それがいいとは思えないが…。

相撲と職人育成、軍人教育、社員教育はそれぞれ目的や目標が異なるとはいえ、教育上の大事な共通点はある。指導的立場にある者が指導をためらうようでは指導者、監督者失格である。プロ野球の監督やコーチも選手を信頼するだけでは勝てない。やはり、「やって見せ、言って聞かせて、させてみて、誉めてやらねば人は動かじ」――山本五十六の言葉（長岡藩の古い教えから採ったものらしい）は至言である。統率の基本とすべき心得だろう。

時代が違うからと、人権尊重をはき違えて甘やかしては人材は育たない。管理者は、怒ってはいけないが、叱らないといけない。ここに上司の自己修養が要求されることになる。

読者には海軍グルメから離れたようなことを書いているように思われそうだが、海軍の食生活史の成立ちを理解してもらううえで大事なことを記しているつもりである。

海軍の職業教育の実態をもうすこし続ける。

毎日が教育―海軍式現場教育

技術を弟子や後輩に教える方法（技能教育）は、むかしは多くの場合徒弟制度だった。弟子を取って親方が一から一〇まで専門技術を教えこむ伝統的教授法である。大工や噺家は弟子を同居させ、身の回りの世話から教え込み一人前になるまで鍛えるという修業方法である。

そば屋は長年の奉公のあと、暖簾《のれん》分けで店を持たせてもらってやっと独立するという、これも厳しい世界だった。

欧米でも似たようなもので、マイスター制度が発達した。親方の教育は西洋のほうがきびしかったのかもしれない。ワグナーの『ニュールンベルグのマイスタージンガー』という、なんとも長い時間のかかる楽劇の前奏曲を聴いただけでもしつこく感じる。

私が海上自衛隊勤務の初期（とくに昭和四十年〜四十五年）には海軍主計兵だった人もたくさんいたが、海軍勤務の思い出話というのはあまり聞けなかった。自分が烹炊（食事づくり）の仕事をしていたのをあまり話したくなかったようだ。『海軍めしたき物語』（新潮社）、『海軍めしたき総決算』（新潮社）、『海の男の艦隊料理』（ノーベル社）を書いた元神戸新聞社の高橋孟氏のような元主計兵は特別な存在である。前記の盛満二雄氏は「あのとおりだった」と言っていた。

そうは言いながらも、さいわい私の周囲には主計兵時代の体験談を話してくれる数人の海軍出身者がいた。盛満二雄氏のほか、本稿第一部で紹介した、戦闘中だというのに輸送艦で呑気に（？）揚げサバの野菜あんかけを作らされていてあやうく人間あんかけになるところだった古谷重次一尉とは海幕で机を並べていた。春木仁作一尉は仕事一途だけで、海軍時代のことを語るようなゆとりなど全くない人で、真面目一点張りの主計兵だったようだ。

海軍の実施部隊（実務部隊）では年に数回、所属艦隊ごとに術科競技といって個人の術科検定のようなコンテストがあった。階級、経験別に試験科目は違うが、目分量当て試験という問題もあった。日ごろから目分量も大事にしていたからだろう。まな板に載せたブリ一尾を見ただけで重さを推定したり、大根二本の目方を推量したりする、そのときの手持ち糧食品などを使って問題が作られる。味噌樽から味噌五〇〇グラムをすばやく取るタイムレース、リンゴの皮の早剥き競争、オムレツづくりなど実技のほかに簡単な筆記試験がいくつかあった。

「だからよ、普段から目分量の訓練をしてたよ。何でも計ってみるクセがついちまった」と古谷氏から断片的な話を聞いた。海軍の教育はそういうものだったようだ。

学校のような教育システムから離れた所での教育はその場その場で教え込むしかない。問題は教え方にある。米海軍でも現場での機会教育は重視していたようだ。OJTといって、海上自衛隊でもとりいれて米海軍に学ぶ風潮が流行《はや》った。基本的には日本と変わりはないが、米海軍の場合は経営学や心理学まで応用してよく分析され、どのように教えれば相手が覚えやすく、技術が身に付くかを科学的に管理するところにある。

OJTとはOn the Job Training―その場その場での機会教育―のことで、わかりやすく言えばむかしの徒弟制度を分析して無駄と害毒を排除した教育手法である。アメリカ人は合理的に考える長所があり、それを体系化して実行するというところがいい。

アメリカ式教授法を採用した教官課程という教育コースで四ヵ月学んだことがある。確かに教育効果を高めるテクニックがよく研究され、わかりやすい。

授業の最初はまずこれから話す内容に興味を持つようなきっかけ（話題）を作ること。最初からいきなり「では、スタディガイド（教科書）〇〇ページから」と言って授業内容に入るようでは学生の頭はまだ切り替えが出来ていない。そうかと言って、学生の気持をリラックスさせようと、「今朝、家を出がけに女房と喧嘩してしまってね」というような話は授業とは関係ない話題で、何の役にも立たない、教卓の上にカバンや帽子を置くのは学生の注意を別のほうに向けることになり教育の支障になる、教官が身だしなみが悪いと学生はそちらへ関心が移り授業に集中できない、などなど、当たり前のことでも気が付かないことをフォーマット化するというインストラクターテクニックの数々だった。これなら教わるほうも覚えられる。じつに科学的分析がされていると感じた。

日本では終講時間が来ても授業を続ける熱心な教官がいるが、アメリカ式では「いくらい授業でも時間をすこしでもオーバーしたら折角《せっかく》の授業も台なしになる」「黒板に向かったままで話をしてはいけない」「スリー・コンタクトといって、目を学生に向け（アイコンタクト）、聞こえる声で（ボイスコンタクト）、ときどき動作を交えて（ボディコンタクト）授業を進める。動かないのもよくないが、動物園の熊のように動き回るのも教育効果を妨げる」などなど、言われてみればそのとおりのことばかりだった。

欧米人は話しによくジェスチュアを加える。アメリカの片田舎で出遭う子どもたちに話しかけるとオーバーなジェスチュアが入り、不慣れな日本人は面食らう。すべてがいいとは思わないが、自分の気持ちを伝える効果がある。

欧米人、とくにアメリカ人は日常の身近かな作業でも科学的に分析して改善する傾向があるようで、日本人の情緒的思考（?）との違いがある。

陸軍は福神漬け、海軍はふりかけ

一転して陸海軍の副食にまつわる話にする。

軍隊では保存性のある食べものが求められた。たくあんの古漬けの類は日本にむかしからあるが、漬物オンリーというわけにはいかない。

そういうときに考案された副食に福神漬がある。「そういうときに」というのは、明治十九年のことで、九年前の西南戦争を教訓に兵食の改善も進んだ。海軍が兵食改善で脚気を追放したのもこの時期（明治十七年の航海実験で実証）だった。

そういうときに東京下谷池ノ端の漬物屋「酒悦」の店主野田清左衛門が、塩・醤油漬けにした茄子《なす》、刀豆《なたまめ》、大根、蕪《かぶ》、独活《うど》、紫蘇《しそ》、椎茸の混合漬けを七福神に因《ちな》んで福神漬と名付けて売り出したところ、東京市内ですぐに人気食品となった。

それに目を付けたのが陸軍で、ただちに軍用食料として大量に〝御用達〟になり、全国部隊で消費が広まった。その数年後（明治二十七年）が日清戦争で、福神漬も陸軍の強い味方となって朝鮮半島、遼東半島での戦闘で軍用食として力を発揮した。

福神漬はその勢いを駆って一〇年後の日露戦争でも前線で陸軍将兵の毎食の副食に必須となり、おかずの付け合わせとしての脇役から主役のような福神漬混ぜ飯、福神漬炊込み飯まで登場するようになった。創案者の野田清左衛門自身が驚くほどの需要で、陸軍〝御用達〟

は営業を支える根幹となった。陸軍には新開発食品の売り込みが殺到したが福神漬ほど陸軍に適したおかずはほかになかった。

以前、京都に住む拙著の読者森野哲夫という人から、日露戦争で看護兵として従軍した同氏の祖父・森野清三郎元衛生兵の遺品の中に「こんなメモがありました」とその写しを提供してもらったことがある。メモは明治三十七年の前線の献立を記したもので、「遼東守備軍経理部」という便箋が使われていて「遼東兵站病院第一分院」での記録であることがわかる。ようするに、野戦病院の兵食である。日露戦争関係写真では、建物ではなく天幕を張った野戦病院の写真をよく見るが、そのたぐいだろう。

献立を見て陸軍兵の食事の模様が実感できた。陸軍と福神漬の関係がよくわかる。

日露戦争時の陸軍の副食の例（奉天兵站資料から）

10月21日
［朝］豆腐味噌汁、福神漬［昼］人参と大根煮付、福神漬［夜］鶏肉と干蓮根煮付、福神漬

10月22日
［朝］白菜味噌汁、福神漬［昼］玉子焼、煮豆、福神漬［夜］牛肉と馬鈴薯の煮付、福神漬

10月23日
［朝］若布味噌汁、福神漬［昼］干蓮根と干牛蒡煮付、福神漬［夜］鶏肉と馬鈴薯の煮付、

福神漬
10月24日
［朝］法連草味噌汁、福神漬［昼］法連草ひたし、煮豆、福神漬［夜］牛肉と馬鈴薯の煮付、福神漬
10月25日
［朝］豆腐味噌汁、福神漬［昼］玉子焼、煮豆、福神漬［夜］牛肉・白菜・豆腐の煮付、福神漬
※このあともほぼ同じような献立が続くがあとは省略する。

この調子で一〇日分の献立には毎日毎食に福神漬が付いている。海軍と違って単調なメニューの繰返しであるが福神漬がいかに主要なおかずだったかがわかる。近くには乃木希典大将を司令官とする第三軍所属の第九師団歩兵第七連隊もいたが、ここでも毎食福神漬ばかり。煮炊きが要らないので煙も出ず、野戦食に適したのだろう。ほかのおかずと言えば罐詰の魚や肉、豆だった。陸軍はたくましい。

日本陸軍の奉天野戦病院。天幕の先端に療養施設を示す旗が上がっている（第一野戦病院）

少しさかのぼって日清戦争直後のことである。勝ったのは日本だったが、ロシアがドイツとフランスをそそのかして戦勝国日本に対して「三国干渉」を打って出てきた。

かならず福神漬がついたという陸軍での食事風景。下士官兵第一種軍装から撮影時期は下ると想像（藤田昌雄氏著『日本陸軍兵営の食事』（潮書房光人新社））

三国干渉とは、戦利として獲得した遼東半島を右の露独仏三国が「清国に返還しろ」という勧告である。

　これには日本国民も怒った。尊い犠牲と高い代償を払って清国に勝ち、下関条約で相手が認めた賠償を他国からイチャモンをつけられるいわれはない。その首謀国がロシアであることもわかっている。そうなったら、ロシア相手の国防力を高めよう、そのためには国民も暮らしを凌いで軍備を高めよう！　政府指導者もりっぱ（強引？）だが、明治期の国民はしっかりしていた。この我慢を重ねて国力を高めようというときの合言葉が「臥薪嘗胆」だった。この場合の「合言葉」とは、モットー、いまふうに言えばキャンペーンで、「臥薪嘗胆」とは、苦しくともひたすら耐えて敵（ロシア）を討とうという『十八史略』を出典とする故事成語（四語熟語）である。むかしは中学校の歴史授業で日清戦争とともに教わった言葉だった。

　ついでだが、熊の胆《い》（くまのい）とは熊の胆嚢に含まれる胆汁を乾燥したもので、肝臓で作られる胆汁が主成分（ビリルビリン＝苦い）で、古来中国で胃薬として珍重されてきた。大戦中上海で勤務した某海軍士官から「上海ではよく熊の胆を買って舐《な》めていたと聞いたことがある。臥薪嘗胆の目的ではなく、単なる二日酔いの特効薬だったようだ。

かくて、福神漬は陸軍になくてはならない副食になった。

一方、海軍ではどうかというと、あまり福神漬は評判がよくなかった。ここが陸軍と海軍の食事の背景の違いになる。陸軍は野外戦闘が基本なので手の込んだ料理はつくっておれない。部隊編成が最小規模では分隊（一五名から二〇名単位の組織）で、それも戦地ではいつバラバラになるかわからない。個人で食事をしなければならないときもある。

そういうときに海軍に売り込んできた珍しい加工食品がある。「ふりかけ」だった。

海軍ふりかけのルーツを求めて―その1

「ふりかけ」とはどんなものか、商品として考案されたころは珍しいものだった。ご飯に振りかけるから「ふりかけ」…なんとも単純なネーミングだが的を射ている。

『近代日本食文化年表』（小菅桂子著、雄山閣、一九九七年刊）によると、「ふりかけの元祖〈是はうまい〉発売」は昭和二年で、丸美屋食品研究所（東京）が、イシモチ（かまぼこの主材料）と昆布を粉末にして醤油で煮込んだものを乾燥し、海苔と胡麻を混ぜたものだったようだ。一瓶が米一升よりも高く、（米三三銭、ふりかけ三五銭）最初は売れなかったがマネキンガールを使った宣伝方法が効いて、その後大当たりしたとある。

食物史の上では、ご飯にすこし塩味のついた乾燥魚（カツオなど）を振りかけて食べる風習は鎌倉時代からあったともいうから、年代的にはもっと古く、米との歴史にルーツがあるのかもしれない。米と海産物が産んだ産品とも言えるが、工夫とか創案というほどのものではなく自然発生的なおかずだったと思われる。焼いた鯛の身をほぐして味醂《みりん》で調味して炒《い》るでんぶ（田麩）は砂糖が入手しやすくなった江戸後期のようで、寿しのいろどりになったがおかずというほどのものではない。

ふりかけが商品として販売されるようになったのは意外と歴史が浅い。前記の丸美屋の発売が昭和二年と『近代日本食文化年表』にあるくらいである。

しかし、これよりもかなり早い時期に海軍で〝ふりかけ〟を食べていた形跡がある。私が就学した佐伯栄養専門学校（東京都大田区）のことは本書第一部前半でふれ、「栄養」という用語の創案者は初代国立栄養研究所長で、日本最初の栄養学校創設者・佐伯矩博士であることも記した。明治後期から世界に名を馳せた栄養学の父佐伯矩は、昭和三十二年当時はすでに第一線を退いてはいたが、ときどき特別講義もあり、さらに私は卒業後、佐伯博士の下で学校職員として博士の身の回りの世話をしていたので、直接話を聞くチャンスもあった。

その中で覚えている話の一つに米と小魚の相性の良さと栄養的価値があった。

当時は戦後の食糧不足と占領軍の影響でアメリカ信奉の風潮があった。パン食に憧れる日本人が多かったときに、佐伯博士が授業で「日本人は米を食べるのがよい。日本人はもっと日本の気候風土海産物からも米が適している」と言ったことは記述したが、もうひとつ、「日本人はもっと海産物を食べなければいけない」と言っていた。

佐伯矩博士（明治九年生まれ）は伊予松山近くの海浜（現・西条市）育ちで幼少期から瀬

佐伯矩博士（右）と黄熱病研究で知られる野口英世博士。共に51歳（昭和２年アメリカで）
佐伯栄養専門学校資料から

戸内海の海産物をよく食べたらしい。芝白金に住んだ栄養研究所長時代に、当時は下級魚だったイワシを注文すると、御用聞きが「先生、それだけは勘弁してくださいよ。仲間からお前んとこの先生はそんなもんを食べるのかと言われるのが恥ずかしくて…」と困惑した話も前に付記したが、博士は小魚や青魚の食用価値をよく説いていた。

佐伯博士の卓見は時を経るほどに先見の明があったと感じるところが大きい。大正から昭和初期にかけては、世界的にもまだ栄養学は確立していない。医学から独立した研究分野として栄養学を独立させた功績の第一人者が佐伯矩で、とくに同博士の欧米の生化学先進国（ドイツ、フランス、アメリカ）での有識者との研究交流、低開発国（東南アジア、南米の一部国等）への知識普及には大きな足跡を残している。

日本では、同時期の鈴木梅太郎博士がビタミン類の一部発見功労者として知られるが、佐伯博士は食物を通じた実践科学研究者として時代を先取りした学者だった。日常の食生活では人間はどういうものを、どのように食べればいいか、という研究である。

「七分搗きの飯に小魚や海藻を材料にしてふりかけにしたものをカテ（副食）にすると米に不足するカルシウムも取れ、栄養バランスがよくなる。米と海産物は相性がいい。日本にはその条件がそろっている」と言っていた。単一の副食に頼る食事の摂り方は戒められたが、ふりかけは補助食品（サプリメント）としての効用を説くものだったと思う。カルシウムが不足になりがちな米食の欠点を補える。いまでこそ国家資格を持つ栄養士、管理栄養士が病院給食を始め自衛隊等団体給食機関で国民の栄養管理にたずさわっているが、多くの栄養士でも栄養学の発展経緯はよく知らないようである。日本に国立栄養研究所があったことすら知られていないようなので、現代関係者に伝えたく付記しておきたい。

昭和十五年に、当時国立栄養研究所長だった佐伯矩博士が指導・監修した『栄養讀本』と題する、戦時下に備えて国民への健康食生活の示唆を全二巻に編集した16ミリフィルムがある。弘報堂映画部という会社（東京市京橋区銀座）が制作したもので、いまではフィルムを観ることはできないが、広報用チラシだけ残っている。タイトルに、

「この映画は米を中心に戦時下食糧問題の重要性を説き、銃後の食糧充実と國民の體位向上と家庭の台所を守る御婦人方の努力に俟たねばならぬことを力説し、栄養を取るための食はいかにあるべきかを説いたもの」と、まえがきがあり、その中でも、腹一杯食っていればいいというものではない。米は一日三合三勺で充分である。大事なのは、蛋白質八〇グラムにヴィタミン、カルシウム等を含む二四〇〇カロ

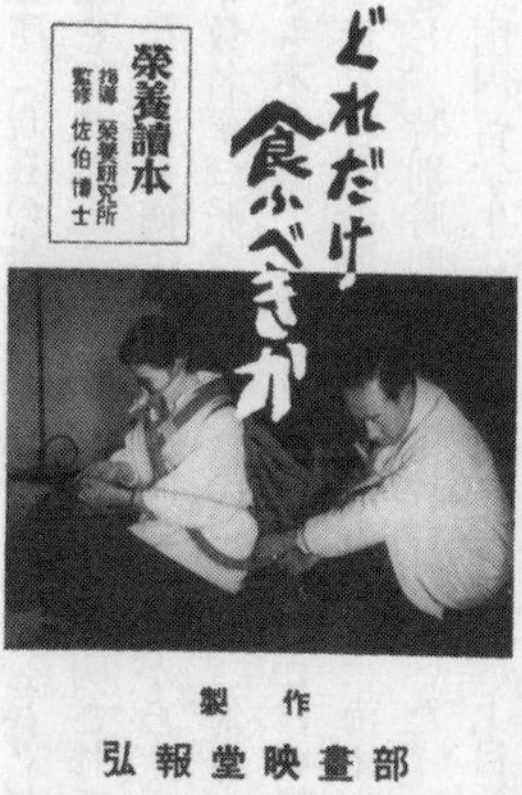

昭和17年の戦時下に備えた国立栄養研究所監修の国民食生活改善のための映画タイトル

リー（現在の単位はキロカロリー）を等しく朝、昼、夕の三回に分けて摂ることにある」と、米を食べる上での注意が詳しく説明されている。

その佐伯博士のもとに昭和二年から十二年まで海軍が主計科下士官を国内留学生として毎年数名ずつ派遣していたのだから、海軍がふりかけの効用を早い時期から知っていたと考えても不思議ではない。海軍とふりかけの縁は案外佐伯博士がつくったのかもしれない。

世界各国の海軍を見ているだけに海軍が好きだった佐伯矩は海軍からの留学生を大いに歓迎し、特別時間を設けて教育していた。

国内留学生（依託学生）制度は海上自衛隊時代になっても続いた時期があり、私は海上幕僚監部衣糧班長のとき数回卒業式の来賓として出席した折りに、式行事合間の来賓懇談時に佐伯博士息女の佐伯芳子校長が博士と海軍の深い縁を語ってくれた。

商品としてのふりかけの発売は、前記の年表では昭和二年となっていると書いたが、実際に海軍がふりかけを兵員の食事に使っていたのは栄養学者佐伯矩博士と海軍の国内留学生との関係からもっと早い時期だったらしいことがわかった。それも広島市に近い海軍呉軍需部の実績にありそうなことがわかって興味が高まった。ルーツは明治三十四年という時代に遡るらしい。これは新発見になる。私が接した海軍時代の元主計科士官が言っていた「呉の軍需部にはなんでもあった。呉の業者たちはどんな無理なことにも応じてくれた」との証言とも合う。

〝海軍御用達〟―殷賑を極めた海軍軍需部

いまでも「海軍御用達だった」という実績を誇りにしている企業が全国にいくつかある。

造船・航空機産業など重工業部門は歴史的に海軍との縁が深いが、装備品等以外の軍需品の海軍納入が戦後も発展をして現在も健在な営業を続けている例がある。

軍需品とはなにか、調達を担当していた海軍軍需部とはどこにあったのか、どういう流通システムだったのか、いまではわからないところも多いので、海軍資料をもとに、私が昭和三十年代に〝海軍御用達〟にかかわった糧食関係業者の人たちの証言を交えて紹介する。

その前に「御用達《ごようたし》」という呼称について付言しておきたい。

幕府時代は「幕府御用達」という商売上の宣伝用語がまかり通ったが、明治政府は欧米の会計法をモデルとして明治二十三年（一八九〇年）に会計・監査制度を定め、国で必要とする物件調達の基本を一般入札による契約（公正な方式による自由競争）を旨とすることを定め、特定業者との随意契約の枠を絞った。その中に、「御用達という幕府時代の言葉は使用してはならない」という一言《いちげん》も付けられていた。つまり、専売特許のような専有がないように、テレビで見るような御用達看板は掲げてはいけないことになった。しかし罰則はなかったから大目に見られ、けっこう使われていたというのがホントの話である。

「御用達」は誇大宣伝というほどではなく、もともと思惑はあっても悪意あっての宣伝広告ではないので「うちが本舗」「いや、うちらが元祖や」というような本家争いになったこともない。むしろ、企業にとっては社歴を誇りとしてさらに優れた製造販売を目指すパワーに

明治40年（1907年）に竣工したレンガと御影石による地下１階、地上２階の呉鎮守府庁舎。海上自衛隊呉地方総監部庁舎として使用中

なればいいことである。呉の銘酒千福醸造の三宅本店（呉市本通七丁目）では本社の展示室には「海軍御用達」の古い大きな看板が大事に保存されている。

軍需品の管理方法の歴史から書き出すとなかなか「ふりかけ」まで辿りつけないが、軍需品とは兵器弾薬、艦船需品（機械・機器部品の類）、燃料、被服、糧食など広範囲にわたり、それらの管理は明治元年以降分類別に逐次整備されていった。とくに衣糧（被服と糧食）が統括的に管理されるようになるのは明治二十六年で、その実務監督は鎮守府に委ねられた。糧食調達は地元の経済発展に直接反映する。

その後、大正十二年になって海軍省軍需局四課に統合されて発展したのが各鎮守府所在地の軍需部だった。複雑な経緯を書いても面白くもおかしくもないので省略するが、軍需部は主計科士官の働きどころであり、地元に活気を与えてくれた。

呉市には現在も川原石地区（築地町、光町）に、かつては海軍に出入りする関係業者等で殷賑を極めた広大な海軍軍需部跡地があり、いまもその建造物の多くが遺っていて、戦後の払下げ等により企業、製造工場等が活用している。

話のついでに、海軍兵站の大きな力を支えていた軍需部の監督機関である海軍鎮守府の成り立ちにも付記しておいたほうが海軍の組織を知る上でわかりやすいかもしれない。

明治維新で兵部省陸海軍部が出来たあと陸軍と海軍が独立し、海軍では総括部として提督部という機関を置いてさらに充実を図った。その結果出来たのが鎮守府だった。

鎮守府《ちんじゅふ》とはずいぶん時代がかった名称であるが、それもそのはず奈良・平安期の蝦夷鎮圧に備えた軍政機関のパクリだから坂上田村麻呂も驚くような命名だった。

最初にできた海軍鎮守府が東海鎮守府で、明治九年七月、横浜に設置された。これが海軍鎮守府の嚆矢《こうし》で、のちに（横須賀、呉、佐世保、舞鶴）の鎮守府ができる。略語が好きな海軍では、いつしか横チン、呉チン、佐チン、舞チンと呼ぶようになった。

陸軍ではその数年前に東京、大阪、小倉、仙台に置いた鎮台を明治十二年に全国を七軍管区に分けて整備したのち、九年後の明治二十一年に鎮台条例を廃止して師団と呼称を変えた。

海軍の鎮守府と陸軍の師団は名称の上からも何の関連性も感じられないのは、陸軍はヨーロッパ主要国陸軍の編成に倣《なら》ったからである。ここにも陸軍と海軍の歴史に違いがある。

ヨーロッパでは七年戦争（一七五六～六三年）を契機にナポレオン戦争期に軍団編成が変革した。それが師団、旅団、連隊編成で、日本陸軍はフランス陸軍の分団（Dividere）にその編成と規模に倣った。

日本語化した陸軍の「師団」「旅団」という呼称は中国の周時代に遡るから坂上田村麻呂や源義家よりもはるかに古い。周といえば西周と東周（春秋時代）に分かれる紀元前一〇二七年から秦に滅ぼされる二四九年までの長期になる。そのころから「師」や「旅」が軍編成の名称としてあったのだからたしかに中国は〝大国〟ではある。いまは見習うものがなくなっただが、孔子・孟子の古代中国からは多くの学問文物を手本にした。「子曰く」も遠い昔になったものではある。

東海鎮守府は明治十七年に横須賀に移転し、横須賀鎮守府となり、少し遅れて呉と佐世保に鎮守府ができた。どちらも明治二十二年で、防備拠点として急速に整備されていった（舞鶴は建設が遅れ、明治三十四年に設置）。かなり強引な整備（官有地の拡大、民家立退き、買収、港湾整備、道路整備など）だったようで、呉の場合は鎮守府予定地の近くに一二〇〇年以上の歴史を持つ亀山神社まで移転させられている。

このころ（明治二十二年）はロシアと清国の脅威が高まっていた。海軍の防備力も高まり、鎮守府をはじめ海軍の拠点も充実された。兵員の気力・体力を向上させる施策も向上した。そういう中でやはり清国との戦争となり、日本は勝ったものの三国干渉（明治二十八年）で、日清戦争で領有した遼東半島返還を余儀なくさせられた時期が前記した「臥薪嘗胆」である。

明治三十年を迎えると国民の間からも軍備拡大への協力意識が高揚してきた。三国干渉の火付け役がロシアであることはわかっている。「露西亜討つべし」の気運が日を追うごとに高まった。軍相手の業者はもちろん営利も見込んでのことではあるが、国家意識と心意気がある。陸軍が中央糧秣廠を設置し、軍用食糧の調達・補給組織の向上を図るのもこのすこしあと（二十九年五月）である。

民間でも軍需品についての研究や試作品提供も増えた。対ロ戦を商機と見ての目論見もないとはいえないが、やはり明治の国民の気概に今とは違うものがあったのではないだろうか。美化されがちだが、それが本来の日本人の気持ちだったと思いたい。

企業のほうからの売り込み活動が多いが、すこし時を経ると実績のある企業へ「こんなものはつくれないか」とか「こういうものが欲しいのだが」という「官側」の要望も増えるようになった。官民一体とまではいかないが、需給のバランスはとれやすかった。

とはいいながらも、陸海軍とも意気軒高なのはいいが、けっこう業者を困らせた（？）気配がある。とくに大正後期の軍縮を経て、昭和十年末に軍縮が解けると軍部の強圧が目立ってきた。それを是正することの必要も感じたのか、海軍経理学校では民間業者との契約・入札の基本について生徒たちに強く指導した形跡がある（昭和九年刊経理学校資料）。昭和十二年に経理学校を卒業した岡光吉彦元海将から聞いた話であるが、経理学校では「民」への要望はいいが、「要求は過ぎてはいけない」「立場に乗じて高圧的な態度で業者に接してはいけない」と、主計科士官の心得として厳しく教育を受けたという。えてして高飛車に出る国家公務員には心得るべきことで、私も海上自衛隊での経理補給職域の業務（衣糧＝被服及び糧食の調達管理）では対応に留意した。しかし、強い要求があって開発された軍需品も多い。また、軍用開発がきっかけとなって民需が広まった製品（缶詰食品、アルミ製調理用具の普及など）も多い。ようするに、官民相互のバランスの問題でもある。

明治三十四年に話を戻す。

対ロシア戦に備えて、設置が遅れていた舞鶴鎮守府がこの年十月に開庁している。京都府北部のひなびた寒村に大きな海軍基地を建造することは想像を絶する苦難が官にも民（地元）にもあったが、呉、佐世保鎮守府に遅れること一二年後だった。その初代司令長官として親補されて赴任するのが東郷平八郎海軍中将だった。京都府知事よりも数段身分の高い親任官（天皇から直接任命された高位職）が着任するのは初めてのことで府民の驚きは尋常ではなかった。

（注：舞鶴市は海軍舞鶴鎮守府開庁から令和三年十月一日がちょうど一二〇年になるので、これを瑞兆として産業振興の新たな町おこしに取り組んでいることも付記しておく）

臥薪嘗胆の時期には、食べものばかりではなく、海軍将兵の慰安となる料亭、遊郭も増えた。呉を例にとれば、現在も営業がつづく呉の〝海軍料亭〟五月荘もその一つで、「その一つ」というよりいまでは海軍の息を吸った唯一の海軍料亭で、明治三十四年の創業（初代店主井口清吾・初代女将井口美喜野）であることが記録に残されている。

（注：五月荘は終戦の荒廃から復帰し、「海軍さんの料亭」として井口秀一氏の戦後経営を経て、現在の経営者池田佳幸氏に至っている）

脇道に逸れたが、そのくらい国民の意気も高かったと言いたくて日清戦争後から日露戦争前までの国情、民情を取り混ぜた。これからが海軍と「ふりかけ」の「御用達」の話になる。

海軍ふりかけのルーツを求めて――その2

ふりかけの歴史は案外浅いと前記したが、日清戦争後の〝臥薪嘗胆〟の時期に呉軍需部へ試作品として試供されたのが海軍とふりかけの縁の始まりではないかという興味ある話が最近出てきた。

広島の食品メーカーに田中食品（株）という、前記の海軍料亭五月荘と創業時期が同じ明治三十四年創業の社歴を持つ大手のふりかけメーカーがある。ふりかけ以外にも多くの加工食品があるが、海軍とのかかわりと言えばふりかけがその代表なので話の範囲を絞る。

昭和四十三年のこと、海上自衛隊の艦船用糧食補給をどのようにするか、将来補給艦ができたときの事前研究として私は自衛艦隊司令部の特命を受けて一年間という期限付きで「はまな」という給油艦でその仕事をした。海軍時代に水兵だった人たちが数名いて、当然みな四〇歳代後半（当時の自衛官の定年年齢は一般公務員よりも若く、階級による違いもあった）で、中には間もなく定年だという人もいた。

雑多な昔話をよく聞いた。海軍時代の軍需部の仕事を調べることも課題にあったので真剣に聴取した。五〇年前の研究資料やメモを今でもすぐに取り出せる管理方法は海軍の人たちから教えてもらったことが多く、いまになって役立つ。そのコツは「ときどきどこにしまってあるか、記憶を手繰って資料を確かめてみること」「記憶しているものはときどき頭の中で思い出し、思い違いもあるので〈記憶の更新〉をしておくこと」「忘れたらそのままにしておかないで思い出すヒントを探す」にあるようである。

当時（昭和四十年代前半）は旧海軍の元下士官兵が海上自衛隊時代になって一等海尉になっている人も多かった。「はまな」にも地元出身者が数名いてときどき海軍時代の体験を聞くことがあった。給油艦というのは特殊な任務を持っているので三〇歳の私とは階級はあまり違わないが年齢は一六、七歳離れたタタキ上げのベテランばかりだった。運用長仁王頭一尉と船務長森本一尉はほぼ同じ大正末期生まれの水兵だったらしく、下級兵時代の思い出話をときどきしていた。他愛のない昔話の中に貴重な話もあるので興味を持って聞いていた。

明治34年呉で創業した田中食品（株）の代表製品のふりかけ。「旅行の友」は大正５年の命名という。海軍との縁が深い。写真は現商品の一部の例

食事のあとの雑談の中に、「川原石の船着き場では朝飯のおかずを売っていた」とか「できたばかりのしらす干しの佃煮を新聞紙に包んでくれるのをフネに持ち帰って朝飯のおかずにするがうまかった」とかの回顧談もあった。

（注：当時は、呉市西方の川原石地区が下士官兵たちの艦船との連絡便の離発着場だった。川原石を終点とする市電もあり、鉄道省呉線の川原石駅〈現在は無人駅〉も殷賑を極めた）

「ふりかけも売っとったな」という人がいた。「あれを買ってフネに帰ると班長の機嫌がよかった」…その程度の会話だったが、瀬戸内海らしい産物の話であり、前記した栄養学者佐伯博士のふりかけの効用についてはよく知っていたので記憶がある。タナカ食品という名前こそ出てこないが、当時ふりかけといえば呉海軍ではタナカ製であり、昭和十六、七年なら海軍の歴史と符合するところが多い。

「あのふりかけは旅行の友とか言うとりゃせんかったかいのォ？」と合いの手を入れる年配の機関長・山中泰孝三佐は川原石地区西側の魚見山隧道を越えた吉浦に住む人で機関兵出身らしく誠実で、この人の言うことには確かさがある。

余話の、さらに余話のようになるが「旅行」という言葉には海軍にいた者なら別の意味で思い出があるはず。

「旅行」という用語ができたのは明治後期か大正時代のことで、それまでは、すこし長引く遠出は「旅」と言った。松尾芭蕉の『奥の細道』も一種の旅日記でもある。フーテンの寅が「しばらく旅に出る」と言って柴又を出るときは行く先も定めず、あまり目的もはっきりしない――旅がらす――こういうときは「旅」がふさわしい。

時代が下ってできた「旅行」という言い方は少ししゃれた造語だったらしい。良家の奥様が「お友だちと少し旅行をしてきますの」と言うと上品な泊りがけの遠出に聞こえるが、女性が「旅に出てきます」と言えばただ事ではないように聞こえる。行くあてがなく、ねぐら（塒）もないのが「旅がらす」とすれば、「旅行」は意味を全く異にする当時はハイカラな言葉だったのではないかと思う。「旅行気分」とはたのしい外出の代名詞でもある。ふりかけ商品名に採用した田中食品の創業者のセンスが感じられる。

海軍ではそういうことを知ってか知らずか、「艦内旅行」という独特の用語を生み出した。おやつでも持って艦内をぶらぶら歩いて艦隊気分を楽しむのかと思われそうだが、さにあらず、とんでもない教育訓練の一つだった。

新兵が海兵団を修業してフネの勤務になると、一週間ばかり集合教育で自分のフネの区画や見取図を覚えさせられる。最終日に、覚えたかどうか個人別にタイムレースでカードに指定されている数十ヵ所の区画をスタンプラリーよろしく駆け足で回って帰ってくる試験である。遅れたり、回ってない区画があるとバッチョクが待っているので必死で回るが、巡洋艦や戦艦のような大型艦では迷子になる。乗組員に訊いてはいけないし、答えないようになっていて、指定された上級者がハンコを持ってそのへんにいるが素知らぬ顔で金物磨きなどしていて、泣きべそかきながら「だ、第二ポンプ室は、ど、どこですか⁉」と訊ねても簡単には教えてくれない。下士官兵なら最下級兵のときだれもが体験するのが「艦内旅行」だった。海上自衛隊でも海軍の伝統で、現在でも初任海士には「艦内旅行」がある。バッチョクこそないが若い隊員にとって試練のひとつである。海軍式教育にはいい伝統も残してある。「旅行の友」にはその懐かしさもあったようだ。言葉を先取りした海軍のユーモアかもしれない。

大正五年に発売したと社歴にある田中食品株式会社の「旅行の友」は現在でも同社のシンボル商品で、本社・工場を広島市（東観音町）に移すかなり以前の明治三十四年創業当時は漬物や味噌、海産物の商いで海軍に納めていたらしい。つまり〝海軍御用達〟だったという実績で、本社工場を広島に移したあとも呉の海軍とは取引が続き、船着き場付近での小売りもできたということなのだろう。

二〇二一年が創業一二〇年を迎えるという田中食品社からの依頼で、呉軍需部が調達実績としてふりかけを発注していた実績を調べてみたが、米、肉、魚介類のように大量に入札によって購入するものではない商品だけに、取引業者名を書いた記録が確認できないでいるが、元水兵たちの思い出話は真実味がある。

現社長の田中茂樹氏から、創業一二〇年を記念して目下編纂中の社史に「明治三四年に創業、時を経ずして呉海軍の〝海軍御用達〟になったと記したい」と聞き、社歴は海軍軍需部の歴史に符合するので私も同意できる。今後その証明になる資料も出るのを期待している。漬物、佃煮、味噌の販売から出発した先達田中保太郎、田中耕輔社長の経営は海軍とともにあったといえる。

太平洋戦争中は呉からの軍需品が南方方面へ送られた。とくに給糧艦「間宮」は当時国内でも入手困難な食品（大豆、小豆、乾燥野菜、干し柿、ひじきなど）の呉周辺で手に入るだけのものを一緒に持って行ったと元「間宮」主計長角本國蔵氏から聞いた。国防婦人会の慰問品の中に、鳥かごに入ったつがいのウグイスがいて、これには困った。「ウグイスの糧食までは持ってなくて…」とそれだけは断ったのもこのころ（昭和一七年春）だった。

陸軍でも「旅行の友」は人気で、広島宇品港から大陸方面への慰問品に毎回加わった。「旅行の友」も戦火をくぐって今日に至っていることだけは確かである。ジャワなどの南方では（地域によるが）現地人が生産する米だけは比較的容易に調達できたらしい。品種は異なるが、戦時はそんなことは言っておれない。おかずがなかったようだ。

昭和末期に、当時七八歳で横浜市金沢区長浜に住んでいた元海軍主計中佐瀬間喬氏を訪問したとき聞いた話である。瀬間氏は前記の角本國蔵氏の経理学校三期先輩（第二十期）で、心臓にペースメーカーを入れているとかで長時間の会話は遠慮したが、「この本だけは書いとかんば死なれんと思うてね」と『日本海軍食生活史話』のゲラ校正中だった。同じ熊本出身ということもあり無理して会ってもらったようだった。

それが半年後に七〇〇ページの大書となって上梓(昭和六十年十月)され遺作となった『日本海軍食生活史話』だった。瀬間氏の労苦がなかったら海軍の糧食史が闇の中に消えるところが多かったことは間違いない。

海軍には、ふりかけ一つにも歴史と奥深い背景があることを自分の記憶を頼りに書いた。

潜水艦の〝忍者食〟研究は間に合わなかったが…

潜水艦が実用戦力艦艇として各国で保有される歴史は、日本で言えば大正中期である。よく知られる佐久間勉艇長以下乗組員一四名の第六潜水艇の悲愴な事故があったのは明治四十三年(一九一〇年)四月で初歩の開発期だったが、この尊い犠牲のあと急速に進歩し、大型化して潜水艦として運用されるまでわずか数年だった。

「潜水艦とは水に潜ることができるフネではなく、海中から浮上できる艦艇のことである」と私は幹部候補生学校のとき教わった。たしかに、海に沈むだけならどんなフネでもできる。沈没するだけでは役に立たない。

第一次大戦が終結したときドイツ海軍は最終的に約四〇〇隻のUボートを建造していた(うち一八〇隻は戦争中撃沈)というから長足の進歩だった。

潜水艦の建造とともに、主計畑は必死で潜水艦の食事の研究もした。簡単に潜水艦には乗れない主計科士官の研究では追随するだけで、そこに苦労があった。

いまでこそインスタント食品が氾濫しているが、軍用食として「持ち運びが便利」で、「長持ち」し、「簡単に食べられる」加工品や半加工品は古今東西を問わず研究されてきた。とくに潜水艦ではその手の〝忍者食〟のような食品開発が要求された。宇宙開発で使われている乗組員用の食事は特殊なもので、いかに潜水艦でも日常食にチューブ食やレトルト食ばかりでは応用できない。開発時期も大きく違う。

考えてみればわかるが、忍者の丸薬（ホントにあったとは思えない）のようにピンポン玉くらいに丸めただけの食べもので一日に必要な二〇〇〇キロカロリーを摂取することは物理的にはできない。人類の食糧には原子力エネルギーのようなものはない。仮に栄養素を濃縮しても食事としておいしく食べられるようなものはつくれない。

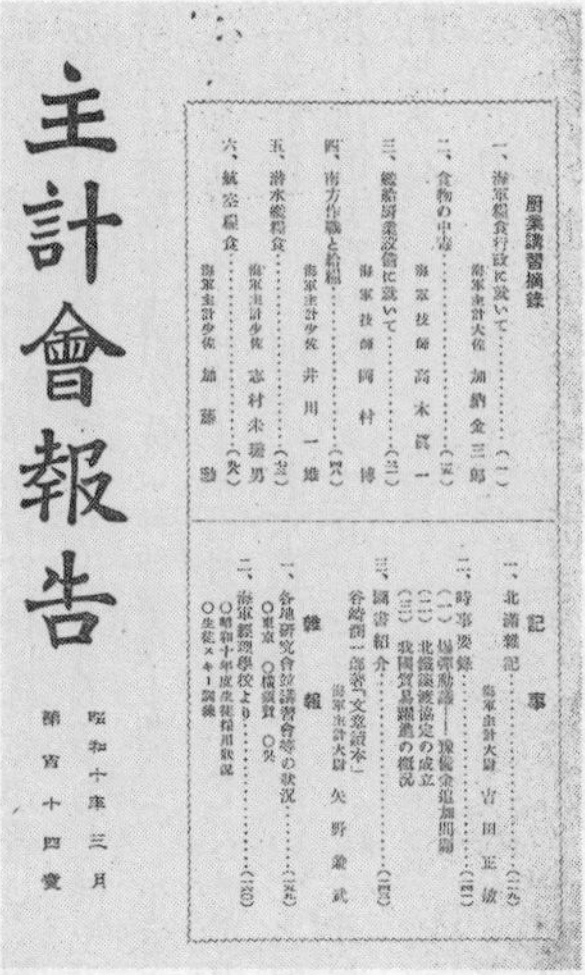

海軍経理学校定期刊行誌（昭和十年三月版）

しかし、海の忍者用食事の開発には大正初期から力を注いだ。前記の条件を満たす食事ができる食材をもとに献立を作り、調理設備も開発されたが、潜水艦の特性から食料保管庫が著しく制約される。詰め込むだけ詰め込むことになるが、いざ食材として取り出そうとすると簡単ではない。

志村未瑳男主計少佐（経理学校十期。のち主計少将）が経理学校定期刊行物『主計會報告』（第百十四号號、昭和十年三月）に寄稿した「潜水艦糧食」という論文がある。

「主計科士官は簡単に潜水艦には乗れない」と前記したが、志村少佐は昭和九年七月末から九月初旬までの約一ヵ月余り実際に潜水艦に同乗して潜水艦糧食開発のための基礎研究をしたとある。

かなり長文の報告書であり、その全文は長すぎて紹介できないが、潜水艦の勤務環境から次に要約されたような要件を満たす食事改善が建言されている。昭和十年という研究発表時期は日本が国際連盟脱退（昭和八年三月）ですでに国際関係が険悪になりつつあり、十一年になると国内でも二・二六事件（二月）など不穏な情勢が高まった。

そういう中での食事改善研究なのでどこまで到達できたのかわからないうちに大東亜戦争、太平洋戦争に突入したというのが歴史の背景である。

潜水艦での食事を改善するうえでの留意事項は次のようなことだった。

・潜水艦の糧食庫は極めて狭く、半月分の糧食も保管できないこと
・潜水艦は水上艦のように上甲板での糧食格納保管はできないこと
・高温多湿の南洋の艦内では通常食品の腐敗が早まること
・行動（航海）中は絶対に途中で補給を受けられないこと

潜水艦糧食

海軍主計少佐　志村末瑳男

第一　潜水艦事情

一　特別行動及準備

今年七年末から九月始めにかけ第一潜水戰隊が南洋方面に特別行動しました。その時私は「イ號」第二潜水艦に乘組み體驗したことを主として潜水艦糧食に就て話したいと思ふて來たのであります。先づ潜水艦の狀況に就て話したい。此の第一潜水戰隊の潜水艦はイ號第一より同第五まで巡潜型である。此の巡潜型潜水艦の計畫は無補給行動日數三ケ月とされて居り之を左右するのは燃料と糧食とである。燃料は豫備「タンク」が澤山あつて心配ないが糧食庫は小さなものが一個だけしかなく、糧食はいざと云ふ時には二人が行き逹ふにも困難な狹い通路、兵員室、各居室其の他艦内到る處に格納すると言ふことになつて居る。そして三ケ月と云ふのは唯帳簿上机上の推論から出發して居て實際に積んだ譯ではなく、具體的の搭載法等勿論定つてゐない。夫れ故一潜戰の特別行動が定つてからは司令官始め各潜水艦で一番頭を惱ましたのは糧食の問題であつて、二月頃から司令官の命令で委員會が組織され搭載すべき糧食の品種數量格納法等が具體的に研究され、それに軍需局、軍需部も參畫して、或は實地に潜水艦内の豫定搭載場所を測定し、或は容器に對する實驗を行ひ、或は糧食品の試驗を行ひ等して一度出來た成案を何度も何度も修正して漸く七月中旬に確定、夫に從つて積込を行ひ七月二十四

同誌研究論文の一部。志村少佐の研究報告

・行動の秘匿上、海中に浮流するような食材容器は用いないこと
・潜水艦特有の航海用糧食品がいくつかあるので活用すること
・冷凍庫は極小で、保管温度が上昇しやすく信頼性が低いこと
・潜水艦勤務、艦内生活は水上艦に比べ体力の減衰が激しいこと
・市販品で適用不可の食品は海軍独自でさらに研究開発すべきこと

などなど、真水使用量もきびしく制限、風呂にも入れない不自由な環境の中で潜水艦食の研究が進められた。当時は現在のような石油化学製品の保冷容器はもとより、ビニール袋、段ボール箱も開発前で、味噌、醤油の容器といえば木樽が使われていた。潜水艦では空になった樽は分解し、夜陰に紛れて少しずつ投棄するなど手間がかかる仕事があった。

ちなみに、段ボール（ダンボール）の開発と保管容器への利用の由来についていうと、十九世紀半ばにシルクハットの内装改良材としてイギリスで使われたのが明治末期にアメリカ経由で製造技術が日本に入ったものらしい。紙で作った箱が丈夫なわけはない――その既成概念を破った奇想天外な考案だった。

いまでこそ生鮮野菜から加工食品までパッケージとして汎用される堅牢な段ボール箱もあるが、日本国内での食品輸送や保管に使われるようになったのは昭和四十年初頭からである。

前記した給油艦「はまな」での生鮮食品保管試験で私が呉の納入業者側と「保管容器の有効性」をテストするにあたって、当時は木箱やリンゴ箱、竹籠での海上自衛隊に納品されていた容器を改善の目的もあって段ボール箱でも試験したいと提案したとき、納入業者側から、

「段ボール箱は値段が高くて原価にかなり影響します」と返事される時代だった。発泡スチロール材などはもちろんまだない。潜水艦用食材でさえまだ段ボール箱は使えず、薄板の木箱に中身を書いた紙を貼り付け、予定献立をもとに、搭載では使う食品を逆順に冷凍庫・冷蔵庫に収納するという手間のかかる食材管理をしていた。

志村少佐の研究報告にも食品パッケージの改善案は出てこない。ポイントを見落としたのか、生鮮食品保存性の延長に包装容器が大きく左右することまでは着意がなかったようだ。

日本の食材は種類が多く、形態も多様でなんでも罐詰に出来るというものではない。米だけは保存性、収納性ともに日本に有利で、麻製の米袋に入れたものを潜水艦の通路や居住区に敷き詰めて保管した。

米は有利と書いたが、食べるにはその都度炊く必要がある。二食分くらい炊いておく方法もあるが、どちらにしても水が要る。海上自衛隊では無洗米を使っているので米を研ぐための水は要らないが、むかしは炊く前に何度か水を替えて研ぐのが普通だった。

潜水艦用炊飯器の研究ははかどらなかった。狭い艦内に五〇人以上の飯を炊く釜などとても据《す》えられない。経理学校では、潜水艦用電気釜の改良のため、友好国ドイツのUボートのスープ釜の仕様に倣《なら》って、標準炊飯量一三キロ、五四人分で、電圧二五〇ボルト抵抗線を加熱沸騰させる釜を試作したが、飯を炊いてはみると極端に縦長のためか熱の対流が悪くメッコ飯(ゴッチン飯ともいう)になり、ダメだったとある。

(注:戦後アメリカから貸与されたフリゲート艦のスープ釜は大型で高圧蒸気だったからか

実にうまい飯が炊けた。ただし、もともとスープ用の縦長ケトルのため炊きあがった熱い飯を取り出すのも少し面倒で、そのあと洗うときスープパイプに詰まった飯を取り除くのに海上自衛隊では苦労した)

紆余曲折の末、潜水艦用炊飯釜の開発は成功した。時期は明記されていないが、昭和十四年になっていたようである。そのころ学校研究部に勤務する賀陽徹生中佐(経理学校十五期)の炊飯釜改善に対する努力が実ったようである。皇族のような苗字であるが、卒業名簿でみるかぎりではその確認はできない(宮家は基本的にクラスの最初に記載されるため)。

おかずにも苦労した。ありとあらゆる副食品で試験したらしく、次のような試験搭載品が記録されている。品名だけ列挙しておく。

ソーセージ、各種缶詰、小鳥照焼、鮭燻製、蟹ボイルド、雲丹塩辛、小鮎罐詰、缶詰野菜(三つ葉・法連草・アスパラガスほか)、餅罐詰、餅の素混飯罐詰、五目飯の素罐詰、油揚罐詰、栄養カラスミ、夏蜜柑シロップ、苺シロップ、果汁、ブドウ、蜂蜜、玉露、葡萄酒、梅酒(注:小鳥の照焼きとか栄養カラスミとはどういうものかよくわからない)

などなどで、梱包材は木箱のほか、ブリキ製容器、木箱に代えてファイバーケースや金網籠なども採用してみたとある。このころすでにリノリウムも潜水艦の床材に使われていたが、リノリウムや鉄板がほとんど見えないくらい潜水艦内に食料を搭載していたと書いてある。これが昭和初期の日本海軍潜水艦の一般的糧食管理法だった。

その点、大戦中のドイツ海軍は食材といえば、パン、バターにソーセージ、ハム、缶詰野菜で、生モノといえば馬鈴薯、玉葱くらい。ソーセージは艦内のあちこちにぶら下げ、サラミソーセージのように固いものだった。ドイツ人はそれであまり不平が出ないのは国民性の違いもある。ゲルマン民族の、厳しい環境をものともしないところは大和民族より優るのかもしれない。マレー半島のペナンに回航してきたUボートは相当厳しい航海だったはずなのに乗組員たちは上陸するとすぐにテニスに興じたりしていた。日本人のほうは皆ぐったりして基地の休憩所で寝ころぶ。「あいつら、何食っているんだろ」と日本側はおどろいた。

日本海軍は食事に対する注文も多い。それにこたえようと兵站部は一生懸命になるから「海軍グルメ」にまで発展した逆効果もある。

現在のような真空包装や急速凍結乾燥（フリーズドライ）方式が開発されていたら潜水艦の作戦にも貢献できたろうな、と近年のインスタント味噌汁の優れた開発に目を見張る。なめこ、ほうれん草、茄子、長ねぎ、キャベツ、絹さや、もずく、わかめ、豚汁…などなどなんでもフリーズドライの味噌汁の素にできる。これこそ潜水艦食の条件に合った手本だと感じる。時代の移り変わりと人類の科学の進歩はすばらしい。乾燥卵、乾燥味噌や

開発期（1915年＝大正４年）のドイツ潜水艦UC1型Uボートで、沿岸型機雷敷設用として建造された。まだ魚雷はなく、敵に発見されたら逃げるだけの180トン、16人乗り

醤油の素というのは戦争中にもあったが、好評ではなかったことは消費量が目立たなかったことからも推定できる。

フリーズドライは戦前から研究されてはいたが、日本で画期的な開発食材として評価されるのは昭和四十七年ごろからで、砕氷艦「ふじ」が昭和四十八年二月からの第十五次越冬隊（村山望隊長以下）の糧食として搭載されたものが帰国後脚光を浴びた。

私は当時、海上自衛隊横須賀補給所勤務で、搭載前の食材の試食検査に立ち合ったのでよく覚えている。ほうれん草やとろろ（山芋）のフリーズドライ製品など水を加えるだけで立派に復元する製品開発に驚いた。アルコール度を極端に濃くした（七〇パーセント以上？）ウィスキーもあって、便宜的に「コンクジュース」と称していた。それもそのまま試飲した。開発会社や製造メーカーは差しさわりがあるので名を伏すが、立派な研究開発の実績である。潜水艦糧食の話が脱線したが、間に合わなかった食材として付記した。

なぜ海軍教科書には中国料理がない？

海軍では中国料理は教えなかった―ということではないが、海軍教科書としていちばん古い明治四十一年発行の『海軍割烹術参考書』（舞鶴海兵団、明治四十一年発行）の一八〇種以上におよぶメニュー（デザート類も含む）の中には中国料理はない。

時代が下って、その後の料理書を見ると、はっきりと「中国料理」とか「シナ料理」とは書いてないが、昭和七年発行の『海軍研究調理集』に明らかに中国系と分かる料理がいくつも登場する。小麦粉や片栗粉をまぶして空揚げし、甘酢あんをかけた料理がそれで、蝦《えび》焼売、牡蠣衣揚、蝦の炒煮、紅焼魚、五目焼飯、支那蕎麦、わんたん等が作り方も説明されている。昭和六年ごろから日本陸海軍が中国に進出する時期と合致するので国際情勢を重ねてみるのもよいかもしれない。それが証拠に、昭和十年に海軍教育局で発行された『海軍四等主計兵厨業教科書』（本書第二部で紹介）になると、はっきりと「日本料理」「西洋料理」に続いて三番目に「支那料理」が出てくる。漢字の料理名には片仮名のルビまで振ってあるので、俄然わかりやすい本場モノの中国料理のようで、上海あたりで仕入れたのかもしれない。

面白いので、その全部を列記する。ルビに注目！（原文のママ）

牛肉料理　炒雑菜《チエオツアツアイ》、牛付炁《ニウフウテンエイ》、湯牛片《タンニウピエン》、炒牛丁《チヤヲニウテエン》、糖炸牛《タンチヤオニウ》、加利牛《チアリ ニウ》

魚貝類料理　白魚丸《パイユイワン》、伍柳魚《ウウリユウユイ》、加炸魚《チヤチヤユイ》、焼魚片《シヤヲユイピエン》、炸魚丸《チヤユイワン》、湯貝粉《タンパイイヘエン》

豚肉料理　太平燕《タイピンイエイ》、湯肉片《タンロウピエン》、炒肉片《チヤロウピエン》、炒肉丸《チヤロウワン》、揚洲　麺《ヤンチヨミミエン》

鶏肉料理　カレー鶏《チ》、湯鶏丸《タンチ ワン》、湯鶏片《タンチピエン》

饂　飩　支那《シナ》饂飩《ウドン》、炒材麺《チヤヲミエン》

以上であるが、本文での作り方を見るとかなり本格中国料理である。一口に中国料理といっても広東、山東、四川、広州、江蘇や地方色のある福建、湖南等のほか、入り混じったような上海や北京などそれぞれ特徴があるので、どれがどれかわからないが、いかにも中華料理らしいメニューではある。軍艦の烹炊員が本場の王サン、陳サンよろしく中華なべを器用に扱っていたとは思えないが、中国料理で海軍食の範囲が広まったことは確かである。もっ

とも、前掲の本格中国料理を食べるのはお抱えの専門割烹手がいる司令官や艦長くらいで、一般の兵員が食べられる〝中華料理〟はシナそばくらいのもので、どこがホンモノかもわからないが…。

海軍初期の料理書に中国料理がないのはフネの中では安全上直火は使わないという理由と蒸気釜ではせいぜい一一〇℃までしか温度が上がらないので強火で炒めるようなことができなかったからだった。てんぷらなど揚げ物には電熱フライヤーを使っていたが、海軍料理に揚げ物が少ないのもそういう理由がある。

とはいっても、ガスこそ使わないが、駆逐艦や大型艦の士官調理室では中国料理づくりに合う石炭ストーブ（窯）をうまく使っていた。中国料理では同じ炒めるにも「炒」「烤」「炸」「爆」など火力の使い分けがあって、そこに難しさもある。これも上海仕込みだったのかもしれない。「上海で雇員がつくってくれる中華料理はうまかった」と昭和四十五年ごろ海軍出身者からよく聞いた。ホンモノに近かったのだと思う。

上海では、公用使に命じて米屋で玄米を買わせ、それを自転車のタイヤに詰めて漕いで帰ってくると玄米がちょうどいい具合に白米になっていて艦長のメシに炊いてやると喜ばれていたという話も元横須賀総監・記念艦三笠艦長だった福地誠夫海将から聞いた。昭和十二年ごろ揚子江部隊勤務時代の上海でのシナ料理がうまかったことも何度か聞いた。自転車精米の話もそのとき聞いた余話である。

三年ほど前、東京の某テレビ局から、「竜田揚げのルーツを探る番組を制作する。海軍の戦艦『龍田』の料理長が空揚げを作ろうとしたらメリケン粉がなかったので、代わりに片栗粉を使ったら乗組員に好評だった、それがきっかけで〈竜田揚げ〉となった。海軍では一度にたくさん作れる揚げ物がよくメニューになった―そういうことで話を進めるが、いかが？」と、台本まで送ってきた。「いかが？」もなにもない、海軍のことは何も知らない女性スタッフのようで、「〝オニ〟という軍艦の献立もありますが…」というので、「それは巡洋艦『鬼怒』でしょ？　鬼怒川のキヌですよ」と、からかう気にもなれなかった。

台本をざっと読んで、私は次のように答えた。

「なんでも海軍発祥とするのは簡単でしょうが、きちんとした考証が必要です」

「料理長なら、そのときになって小麦粉がないのに気づくなんてことはありません」

「龍田は戦艦ではなく巡洋艦ですが、間違えるとすぐに視聴者の指摘がきますよ」

「もともと龍田揚げという料理は古今和歌集の龍田川の紅葉に因んだという説もあります。よく調べてからにして下さい」

「それから…海軍では、揺れるフネの中で高熱の油を使う料理はあまりやりません」

などと答えたら、そのままにプツンになってしまった。

航海中の艦内での中国料理は危険で、中国の本場で見るようなコークスの炎を燃えあげて中華鍋でいためること（爆）など安全上できない。焼き飯のようなメニューがつくりにくいのはそういうことである。

揚げ物も海上模様や行動で献立どおりにはいかないことがある。切り込んでしまった同じ材料で急に献立を変更することもむずかしい。とくに航海中の中国料理づくりは主計科員にいやがられた。海が時化《しけ》たからメシは抜き、というわけにはいかない。つくっている時間帯は揺れても、食事時は海がおさまることもある。食事時になっても食べる者はほとんどいなくても烹炊員は食事をつくっていた。それが使命でもあった。海軍で肉じゃがのような高圧蒸気釜を使った煮物料理が発達した背景とも合う。

海軍では紅茶をよく飲んだ？

紅茶の歴史は意外と浅い。コーヒーの歴史とは全然ちがう。コーヒーは十字軍の遠征に抗してウィーンを攻めたトルコ軍の撤退での置き去りからヨーロッパに広まったというが、紅茶はせいぜい二五〇年くらいのもので、日本に入って来たのは明治二十年（一八八七年）らしい。その九六年前に回船の漂流で数奇な運命を辿る伊勢の船頭大黒屋光太夫がロシアのエカテリーナ女帝に謁見したときに紅茶を飲んだというので、日本人が初めて紅茶を飲んだ日として日本紅茶協会が十一月一日を「紅茶の日」とした由来らしい。それも、つい四〇年ほど前のことである。

日本人は一般に紅茶へのこだわりはない。ダージリンとかアッサムとか聞いても判別できるのは一部の紅茶通だけだろう。私も紅茶オンチで、ただ紅茶にサントリーの最高級ウィスキーを数滴たらして飲む香りが好きなくらいである。イギリスではミルクティーが主流だが、国によってはレモンティーだったりするらしい。

海軍は紅茶をどんな飲み方をしていたのかよくわからない。海軍出身者からコーヒーについては聞いたが、紅茶の話はほとんど聞いたことがない。あえて言えば、二つだけある。

一つは、前記した給油艦「はまな」のことで名前を挙げた海軍水兵出身の森本船務長に、あるとき士官室で私が紅茶を入れてやったことがある。紅茶カップに、普通の出し方で紅茶を注いでサービスしてやったら、森本一尉は、意味ありげに私の顔を見つめながら何か言いたそうな顔をする。「なにか?」と私が言うと「紅茶はもっと並々と注ぐもんじゃないの?」と言う。私のほうが「エッ」と言って面食らった。

森本元水兵が海軍時代にどんなフネに乗っていたのか聞きそびれたが、士官室従兵もやったらしい。そのときに躾《しつ》けられたらしい。

フネによって従兵指導に違いがあったのかもしれない。戦艦大和の第二士官次室従兵だった戦艦大和の生存者八杉康夫氏は「コップで水を出すときは、右手の人差し指の指先をコップのふちに軽くあててサービスするように」と教わったという。そうすればフネが揺れてもコップは落ちにくく、危なくない、という理由だったそうである。

しかし、ほかの人からはそんな話を聞いたことはないし、経理学校の教科書のテーブルマナー、サービスマナーにもそういうことは書いてない。「海軍ではこうだった」という話にはマユツバも多いので気をつけないといけない。紅茶を並々と紅茶カップに注ぐのはむしろこぼれやすいように見えるが、下士官の中にはそういう好みがあったのかもしれない。枡酒で飲む日本酒や屋台の梅割り焼酎と間違えているのでもないようだったが…。梅チュウはコップの上縁が表面張力で盛り上がっていないと不機嫌な客が多い。

コーヒーは普通の注ぎ方だったらしい。とすると、紅茶―イギリスの関係で、イギリスでは紅茶は並々注ぐ習慣があるのか、とまで勘繰りたくなるが、それもないようだ。日本のインド料理店でインドカレーのあとにミルクティーを注文すると紅茶カップにたっぷり入れて出てくることが多い。それがインド式なのかとまで考えたこともない。

海軍は紅茶を飲んだかどうかの話に戻る。

瀬間喬氏の編纂による『日本海軍食生活史話』では海軍軍需品の糧食類に紅茶もある。当たり前のことかもしれないが、嗜好飲料として日本茶、コーヒー等とともに調達していたことがわかる。明治四十一年の『海軍割烹術参考書』の教科書でのメニューには、紅茶については西洋料理の部の終わりのほうに数行だけあるのでそのまま転載する。と言っても、コーヒーと紅茶は同じ項目で、しかも紅茶はたった一行書いてあるだけである。短すぎて解説のしようもない。英国流海軍を目指した日本海軍なのでティータイムで午後三時にはクッキーにミルクティーの習慣でも残っていないかと調べてみたが空振りに終わった。

紅茶についての証言（?）の二つ目の話は左近允尚敏元海将との談話でのことである。

「ボクは海軍で紅茶を飲んだ記憶はないな」――二〇一三年六月に物故された左近允元海将（兵学校七十二期）とは晩年よく会った。その一〇ヵ月前の呉海軍墓地追悼慰霊祭のあと広島のいつものクラブでの話だった。巡洋艦熊野のトイレが洋式だったか和式だったかなどいくつか確認したいことがあって訊ねたあとの質問の答えだっただけによく覚えている。

六二、オートミル

「オートミル」ヲ「スープスプン」ナレバ二杯ヲ湯一合五勺位ノ割合ニテ最初「オートミル」ヲ熟湯中ニ入レ約十分位ノ後恰モ粥ノ如クナリタル時皿ニ盛リ砂糖及生乳若クハ「コンデンス」ヲ添ヘ供卓ス食スルトキハ砂糖及「ミルク」ヲ適宜ニ加ヘ能ク攪キマゼテ食ス此調理ハ大概朝食夜食等ニ供ルモノナリ

六三、珈琲及紅茶

「カヒー」及紅茶ハ共ニ食後又ハ食間ニ用フルモノニシテ恰モ日本ノ茶ノ用途ニ異ルコトナシ

「カヒー」ハ印度又ハ亜非利加等ニ產スル植物ノ實ニシテ形豆ノ如ク是レヲ用フルニハ黒焦トナル迄煎リ「コーヒ」挽機械ニテ挽キテ粉トナシ用フ大ニ胃ノ消化ヲ助ケ我國風土病ナル脚氣水腫症ニ持効アリト云フ湯ニ出シテ砂糖及「ミルク」等ヲ以テ加味シ飲用ニ供ス

紅茶ハ支那又ハ印度ノ錫蘭島地方ヨリ產出スルモノニシテ使用法ハ「カヒー」ニ異ラズ

六四、オイスターフライ

此調理ハ材料其他ニ於テ「フイッシユ」ト同ジ唯小ナル者ハ串ニテ繋ギ又能ク水氣ヲ去ルヲ要ス

六五、オイスターソース

材料予牡蠣或ハ干海老、「セージ」、「タイム」、丁字、肉桂、「ナツメク」、粒胡椒、唐辛子、玉葱、生姜

明治41年発行の海軍教科書『海軍割烹術参考書』の紅茶についての説明。わずかこれだけの記述で、しかも「オートミール」と「カキフライ」の間にコーヒー、紅茶が入れてあるのが、どう考えてもおかしい

転載した海軍教科書の「珈琲及紅茶」の記述を見ながら、余分なことに気づいた。たしかに「珈琲及紅茶」の記述であるが、筆者の疑問もあって、その前後のメニュー部分もそのまま転載した。「珈琲及紅茶」の前と後は見るとおり「オートミール」と「オイスターフライ」で、その二つの間に挟まれてコーヒーと紅茶が記載してあるのが腑《ふ》に落ちない。コーヒー、紅茶は料理ではなく嗜好飲物なので、なぜこの位置に入れたのかヘンに思う。どこに入れていいのか迷って付け足しにしたとしか思えない。念のために昭和期の海軍教科書『海軍厨業管理教科書』（昭和十七年刊）を見たら、巻末の近くに「嗜好品」として茶、珈琲、ココア、清涼飲料、清酒、合成酒、麦酒、葡萄酒、焼酎、泡盛、味醂、甘酒の一二種類の簡単な説明があり、茶をさらに緑茶と紅茶に分けて数行ずつ記してあるだけである。ようするに、日本海軍では紅茶の位置はほとんど無視されたようなものだったようだ。コーヒーと同じく、銘柄にこだわったり、海軍独自の調達など出来なかったのだと思われる。

不味《まず》い海軍料理もあった！

堅い話がつづいたので、ここで息抜きのようなテーマを取り上げる。

海軍グルメとか海軍食と聞くとすべてがうまい料理だったように聞こえるが、それはウソ。わざと作っていたわけではないが、美味しくないものもあった。

美味い料理というのはいくつかの条件が揃っての結果である。「食材がよいこと」「献立の決め方が合っていること」「料理者の腕がよいこと」…ほかにもあるが、基本はそんなところだろう。いくら腕がよくても材料が悪かったり調味料が不足してはどうにもならない。

まずは、兵学校でのワースト料理の代表から。

昭和十四年ごろから兵学校生徒として江田島に身を置いた人たちの著作やクラス会誌に兵学校での食事にふれたものがときどき見られる。

兵学校（機関学校、経理学校とも）では訓育として「食事の善し悪しを評価してはいけない」と教えた。海軍三校ばかりでなく、霞ケ浦など海軍航空の教育部隊でも同じ躾をしていたようで、NHKアナウンサーだった幾瀬勝彬氏（早稲田大学在学中に第十一期海軍飛行科予備学生）も入隊直後に指導官の大矢正夫大尉から、海軍士官の心得として「食事は誉めてもけなすな」と指導されたという。幾瀬氏が入隊したのは昭和十七年十月で、すでに戦争も負け戦がはじまった時期ではあるが、土浦の飛行機乗りたちは意気軒高、ミッドウェー海戦のことなどは秘匿されていたのか知らなかったらしい。

冬瓜（トウガン）は料理法も限られ、海軍では不人気でトンバック（豚も敬遠）と称した

「…それにしてもあれはまずかったなァ」と、戦後だからしゃべれるようになったのが、兵学校の「トンバック」という料理。昭和十六年ごろからしばしば生徒の食卓にのぼるようになった。やはり戦時の食料事情だったのかもしれない。

「トンバック」とは、ようするに冬瓜《とうがん》をわずかな煮干だしで煮ただけの、汁物とも煮物とも言えない料理で、うまくもなく、飯のおかずにもならない。生徒の間でだれ言うともなく、豚でも後ずさりというので付いた俗称だった。

冬瓜は、中国料理では表面を彫刻して煮物の飾り容器にしたりするが、食べても差し支えない。日本料理では鶏のそぼろ煮や汁物にすると体が温まる。日本には平安期以前に中国から伝来したウリ科の一年草でカリウムなどを含むので栄養的には悪くはない。栄養がどうのこうのと言ってもうまくないのがしばしば出ると敬遠したくなる。夏の収穫で、そこらに転がしておいても冬まで保存が利くので冬瓜と名が付いたらしい。

正式な名前でないが「うろこ汁」と蔑称されたものもあった。阿川弘之氏の著作の『海軍こぼれ話』(光文社、一九八五年刊)にあるので後述する。

阿川氏のエッセイにもウィットの効いた小編が多い。海軍軍医だった吉竹内科胃腸医院長の奥様と阿川氏の奥様は懇意で、奥様どうしの立ち話で「これからお買い物?」「ええ、ちょっと肉屋さんまで。主人が今晩は〈かいぐん〉にしてくれと言いますので」…そんな会話で、肉じゃがを「かいぐん」と呼んでいた話が阿川氏の『食味風々録』(新潮社、二〇〇一年刊=初出新潮社「波」一九九九年三月号)にもある。阿川先生も肉じゃがお好きだったようだ。

阿川氏が海軍予備学生採用予定通知を受け取ったのは昭和十七年の夏。やはりミッドウェー海戦の大敗北は知らない一国民として同期生約五五〇名とともに海軍に入った。陸軍よりもずっといい、という判断で海軍を選んだが、入ってすぐ、聞いていたのと違うところが多く、「海軍魂」ではなく、「これじゃ、海軍ダマシ」だと仲間との不平もあったらしいが、やはり海軍が好きになったようだ。ただし、「私にしたって、ひたすら一途の海軍贔屓などというふことはなかった」と書いたもの（『高松宮と海軍』中央公論社刊）があるように阿川氏にははっきりとした海軍観があったようである。そういうところがいいと私は感じる。

著作には海軍の食事もしばしば登場する。兵科出身者から「あまり次元の低いことを書くと笑われますゾ」と嫌みを言われたという。次元の低いこととはメシのことらしい。「メシのこと書いて、どこが次元が低いか！」と阿川先生は憤慨している。

以前、『吾輩は猫である』にはどんな食べものが登場するか、我ながら根気よく抜粋してみたことがあって、沢山あるので本書第一部の『「衛生ニ佳ナル食べ物」とは』で提示したとおりで、漱石は胃腸が弱いと言いながら料理にも関心が深かったようである。

その『猫…』の料理、食べもの一覧の中に空也餅というのがあって、どうしてもわからなかったが、その数年後、伊勢神宮参拝の折りに二見ケ浦に寄ったら、駐車場の近くに「空也餅」という餅饅頭を売る店があった。「伊勢名物」とか「元祖」となっていたので、漱石もこの茶店で食べたのかもしれないと勝手な想像をした。

本題から外れたような話になったが、阿川弘之氏のことに行数を割いているのは、思惑あってのことで、数ページ先に記す「海軍に入った皇族軍人の食事は特別献立だったのか？」につながる話にしたいためである。

阿川氏の昭和十七年の入隊時期を考えれば、海軍の食事も質が落ちていた。陸上部隊の士官食堂の食事も低下し下士官兵とあまり違いがない。大学生からいきなり海軍士官になる予備学生は台湾や旅順を訓練地として厳しい基礎訓練を受けた。阿川氏は佐世保海兵団入隊後の基礎訓練地が台湾で、東港と書いてあるから高雄の近くのようだ。コメは台湾産の蓬莱米の古米で、コクゾウ虫がうじゃうじゃ湧いているのをそのまま炊いてあってヘンな炊込み飯のようで、初めは気味悪かったが、慣れてくると平気で食べたとある。

おかずの汁は献立では「うしお汁」となっているが、南方の極彩色の魚をウロコも取らずにぶつ切りで入れてあって食べにくいことこの上ない。仲間と「東港名物うろこ汁」と称したという。上陸先のクラブで小母さんがつくってくれるロールキャベツやコロッケなどが何よりのご馳走だったとある。阿川大作家の海軍モノには料理の引用も多く、『戦艦長門の生涯』などは克明な考証もされていて海軍料理研究をする上でも信頼性が高い。うろこ汁は料理とは言えないが戦時の食糧事情を象徴している。

部隊にもよるが、艦船では長期行動していると生野菜はもとより、玉葱など保存性のある食材も欠乏する。いまのようにフリーズドライの茄子やキャベツ、豆腐などはない時代で、乾物に頼るほかなかった。もやしをつくるフネもあったらしいが、戦争の傍らで豆に水を撒いたり温度管理などマメなことはやってはおれないと思う。日清戦争のときの陸軍ラッパ手木口小平のようにラッパを持ったままの戦死は「死んでもラッパを放しませんでした」と修身の題材になるが、主計兵が包丁を握ったまま戦死したり、もやしづくりの途中で如雨露《じょうろ》を持って死んだのでは美談として扱われそうにない。人間、死んだときに何を手にしていたか、心がけておきたいと思ってはいるが…。

大根の切干だけはあった。塩もみも洗い直しもしないカビくさい切干しを味噌汁に投げ込んであるだけなのでうまいはずはない。

「切干しを見るとゾッとする」と昭和五十年ごろになっても言っていた人（昭和四年生まれの元予科練）がいた。「三つ子の魂百まで」というが、不味い食べものほどよく覚えている。子どもにはちゃんとしたものを与えないと親は恨まれる。

しかし、食材欠乏でも主計員はうまい飯をつくろうと終戦のときまでよく頑張ったというのがホントだろう。主計員にも「海軍魂」（根性）があった。専門職としての意地があったのはやはり海軍の教育方針に間違いがなかったからだと思う。

そういうときでも兵学校ではテーブルマナー教育までやっていたというからおもしろい。おもしろいと言っては悪いが、海軍にはそういうところがあった。陸軍士官学校ではとっくに〝敵性語〟だと言って英語授業を止めたとき、兵学校では「だからこそ英語は大事。英語も知らない士官は陸軍へ行け」（井上成美校長＝昭和十七年十一月〜十九年八月）と英語教育を続けていたのと通じる。

戦争末期ではなく兵学校六十八期で、戦後は新聞社勤務、作家として活動した豊田穣氏の著作『江田島教育』（新人物往来社、昭和四十八年刊）に、「兵学校の味噌汁は日本一」と聞いて入校したとき（昭和十二年四月）も話に聞いたほどの味ではなかったとあるが、満州生まれの豊田氏が子供のころから食べつけた満州味噌との比較かもしれない。

『江田島教育』に、卒業前のテーブルマナー教育のことが書いてある。

昭和十四、五年には国民の食糧も統制され、兵学校の食事も不自由になった。六十八期の卒業は十五年八月で、入校時から聞いていたテーブルマナーの実習も予定されていた。教育担当はフランス留学した大尉の教官というからホンモノらしい。

「まず、最初はオードブル…つまり前菜から…」と事前説明があり、つづいて、「次はスープ。スプーンは…」とこまごまと解説があったあと、

「では、これから本番の料理となるわけだが、諸君も承知のように現今の食糧事情から本物のフランス料理を出すことは難しい。二回目の実習はともかく、今回は手続きのみとする」と言って、「スープだけは水で代用する。けっして音を立ててはいけない」

と、そのあとはナイフとフォークで肉を切る仕草などでマナーの授業を終えた。

付記するが、六十八期の同期生二八八名は中尉、大尉で最前線で活動した人が多い。六六パーセントの一九一名が戦死している。豊田中尉も昭和十八年のい号作戦（ラバウル）で九九艦爆操縦士として出撃し、同乗の相川上飛曹とともにグラマンに撃墜され、生き残ったもののアメリカに三年間収容され、帰国したのは終戦一年後だった。

「麦は麦でも、押麦ではなく、丸麦を炊いただけのはとてもいただけなかった」という証言も六十八期（昭和十五年八月卒業）の高橋真吾氏から聞いた話だった。海軍と麦飯は縁が深いが、丸麦のままの茶色の麦は一時間煮てもプップツして食べられるものではない。「それで歯が悪くなった」と冗談を交えて言っていた。六十八期の恩賜（優等生）の一人で、頭も

いいが、海軍らしいセンス・オブ・ユーモアを感じさせる人だった。

海軍のユーモアは格調が高いのと馬鹿々々しいのがはっきりしていて、どちらも面白い。「獰猛」をわざわざ「ねいもう」と表音したり、「森羅万象」を「もりらまんぞう」と発音したりするのは、古い時代の兵学校教官（教授）の中に専門外の漢字などには疎く、真顔でそう言う人がいて、それを生徒たちが茶化したものらしい。自分たちでつくったらしい「アフター・フィールド・マウンテン」など英語とは言えないが「あとは野となれ山となれ」で、捨てばちのときなど（？）に使うらしい。ほかにも使い方があるようだが、それこそバカバカしくなるので割愛する。私の海上自衛隊勤務でとくに昭和四十一年から五十年までは二等海佐や一等海佐の六十八期の人たちに仕えたりすることが多く、些末な話もいまとなっては貴重に思えてくる。

不味いものがあるから美味さもわかる。美味いものばかり食べると太り過ぎる。家庭でも通じることで、いつもあまり美味しいものをつくらないのがいいのかもしれない。

海軍に入った皇族軍人の食事は特別メニュー？

陸海軍に士官として籍を置いた皇族もある。明治天皇の「皇族たる男子にあっては軍人としても国に尽くすべし」というお言葉で、その年齢に達した時期に陸軍士官学校あるいは海軍兵学校で所定の年月を修業し、士官として軍務に従事した。いわゆる、ノーブレス・オブリージュ精神（高貴なる者はそれなりの義務を負う）に類する考え方に類する。海軍兵学校

『高松宮日記』全八巻のうちの第一巻。大正10年から昭和７年までの高松宮の日記で、半分近くは兵学校在学時の記録になっている。右は阿川弘之氏の貴重な編纂記録メモと随想

生徒名簿（秋元書房刊『海軍兵学校』所載）ではクラスの筆頭にその名があり（皇族とかは書いてないが）容易に判別できる。他の刊行物には名を異にする皇族軍人もあるのは呼称、改名時期、皇籍離脱等によるのだろう。（注：海軍兵学校に在籍した皇族に限定したため、海軍初期の皇族軍人、他国海軍兵学校修業による海軍入籍等の皇族〈華頂宮博経親王、有栖川宮威仁親王、山階宮菊麿王、伏見宮博恭王〉は含めていない。（ ）内は入校～卒業時期）

第三十六期（明治38年12月～明治41年11月）有栖川宮栽仁王
第三十七期（明治39年11月～明治42年11月）北白川宮（小松）輝久王
第四十五期（大正３年９月～大正６年11月）伏見宮博義王
第四十六期（大正４年９月～大正７年11月）山階宮武彦王
第四十九期（大正７年８月～大正10年７月）伏見宮博忠王・久邇宮朝融王
第五十二期（大正10年８月～大正13年７月）高松宮宣仁親王
第五十三期（大正11年８月～大正14年７月）伏見宮博信王
第五十四期（大正12年４月～大正15年３月）山階宮萩麿王
第六十二期（昭和６年４月～昭和９年11月）伏見宮博英王・朝香宮正彦王

第七十一期（昭和14年12月～昭和17年11月）久邇宮徳彦王
第七十五期（昭和18年12月～昭和20年10月）賀陽宮憲王

各皇族軍人の経歴などを書いていると長くなる。この一三名の方々が海軍でどんな食事をされていたのか興味はあるが、お三方だけに絞ってテーマに添ったことを書きたい。お三方とは高松宮殿下と伏見宮博英殿下、朝香宮殿下である。

「テーマに添ったことを書きたい」とはいうものの、三殿下が、とくに兵学校在校中に何を食べられたかを探ってもあまり意味がない。

秋元書房刊『海軍兵学校』記載の
海軍兵学校の皇族一覧　終戦時階級

東伏見宮依仁親王	17期	（明17年退学）	大将	大11. 6.27薨去
山階宮菊麿王	19期	（明22年退学）	大佐	明41. 5. 2薨去
伏見宮博恭王	20期	（明22年退学）	元帥	昭21. 8.16薨去
有栖川宮栽仁王	36期	（明41年卒）	少尉 明 41.4.6 特別任官	卒業６か月前の 41.4.7 病気により薨去
北白川宮輝久王	37期	（明42年卒）	中将	
伏見宮博義王	45期	（大６年卒）	大佐	昭13.10.19薨去
山階宮武彦王	46期	（大７年卒）	少佐	
伏見宮博忠王	49期	（大10年卒）	中尉	大13. 3.24薨去
久邇宮朝融王	〃	〃	中将	
高松宮宣仁親王	52期	（大13年卒）	大佐	
伏見宮博信王	53期	（大14年卒）	大佐	
山階宮萩麿王	54期	（大15年卒）	大尉	
伏見宮博英王	62期	（昭９年卒）	少佐	昭18. 8.26戦死
朝香宮正彦王	〃	〃	〃	昭19. 2. 6戦死
久邇宮徳彦王	71期	（昭17年卒）	大尉	
賀陽宮治憲王	75期	（昭18年入校）	生徒	
久邇宮邦昭王	77期	（昭20年入校）		

秋元書房刊『海軍兵学校』記載の海軍兵学校の皇族一覧　終戦時階級

なぜかと言えば、基本的に、皇族生徒といえども生活の本拠は生徒館であり、日常の食事も生徒たちと同じだろうと思ったからだ。ご自身たちもよく認識されていて、好き嫌いを言ってはならないという帝王学もあるのだろう。明治天皇が日露戦争中は陸軍兵食と同等の粗食に努められたことは知られる。

「…しかし、待てよ…」と、思い直して、少し詳しく調べてみようという気が起こった。本稿の少し前に、ページを割いて

「高松記念館」として現在も保存されている高松宮の兵学校生徒時代の建物（江田島）木造であるが、内部は間取りも多く、宮殿下の宿舎として使われた（大正９年末建造）

阿川弘之氏のことにふれた目的もここにある。

したがって、ここでは本題（皇族軍人の食事のこと）から離れるように見えるのを承知で稿を進める。

江田島の海軍兵学校史跡の一つに「高松記念館」がある。高松宮宣仁親王が大正十年から十三年七月までの兵学校在校中起居の場となった宿舎で、日中は兵学校生徒と一緒に校内生活、教育訓練を受けられるが、一般生徒と同じ生徒館の分隊寝室で寝るわけにはいかない。上陸日（休日等）に島内の民家を利用してしばしの休息をするようにもいかない。皇族生徒、まして、皇位継承順位の高い親王である。

高松記念館は高松宮の特別官舎として校内の北側に大正九年後期に建造された木造主体の堅牢な建物である。私は若いころ（幹部候補生学校に入る前の二年七ヵ月）江田島で勤務した時期があるので兵学校敷地北の従道小学校（兵学校時代の職員子弟の小学校）、北官舎等があった地区はよく知っている。兵学校時代の酒保売店・養浩館は海上自衛隊になってから独身隊員の宿舎になっていて、俗称チョンガーハウスと呼び、私はそこで寝泊まりしていた。

ただ、その一郭の奥にある高松記念館だけは入ったことがなかった。写真で見ると設備も整っている。宮付武官も住むのでいくつかの控えの間はもちろん、台所もある。休日はいつ

江田島の海軍兵学校生徒館。現在は海上自衛隊第一術科学校で保存管理されている赤レンガ造りの建造物。後方は古高山で、左が雄峰

もと違う食事をされたことが想像できるが、それがホントなのかどうかわからないことが多くなった。もっと調べてからでないといい加減なことは書けないとなったのが、前述の「待てよ…」だった。

高松宮殿下の薨去（昭和六十二年二月三日）後暫くたって発見され、複雑な経緯のあと公刊された『高松宮日記』全八巻（中央公論社刊）は〝超〟が付くくらい貴重な刊行物であるが、とくにその編纂の一員として加わった阿川弘之氏の著書『高松宮と海軍』（中央公論社、一九九六年刊）に編纂にまつわる内訳噺が詳しく、読むほどに感動する。編纂には兵学校五十一期（殿下の一期上のクラス）の大井篤氏、豊田隈雄氏の執念とも呼ぶべき熱意（二人とも当時九〇歳を超えた超高齢者で、編纂初期に死去）から発したいきさつが紹介されているが、何よりも公刊に情熱を燃やされたのが高松宮妃喜久子妃殿下だったことも阿川氏の著書からわかった。

海上自衛隊の大先輩（防衛大一期）で、むかしから私が懇意にしてきた平間洋一元海将補から喜久子妃殿下のこともくわしく聞いていたので高松宮の兵学校生徒時代を知る足掛かりにもなった。

平間氏は練習艦隊副官時代の昭和三十七年以来、一〇回も

1982年（昭和57年）、海上自衛隊遠洋航海の壮行会（田辺元起司令官。兵76期）で実習幹部に声をかけられる高松宮と喜久子妃（当時の練習艦隊幕僚平間洋一氏提供）

高松宮、喜久子妃殿下に拝謁する機会があったという。阿川弘之氏とも知己がある海軍史研究者・文筆家だった。

生前の平間氏（令和二年三月没）から貰った上の写真は同氏が撮ったもので、その二年後の拝謁のとき喜久子妃殿下に差し上げたら「あら、副官さん、偉くなったわね」と親しげに話しかけられたこともあったという。そのとき平間氏は練習艦隊首席幕僚だった。

祝賀会会場などでは喜久子妃殿下が県知事や市長などよりも長く平間氏とたのしげに語られるので、周囲の人たちが「いったいどんな関係なのだろう」と不審に思われたのじゃないかと言っていた。

その平間氏と阿川弘之氏をよく知る喜久子妃殿下の執念が実った『高松宮日記』だけに、精読しながら読み返す気持ちも高まった。

喜久子妃殿下こそイギリス海軍流マナーを身に付けられている、しかも、こうだと思ったことは簡単に自説、持論を曲げられない「尊敬すべき強い信念の女傑」だと平間氏が言っていた。さすが、十五代将軍徳川慶喜の御孫さん（徳川慶久公爵の次女）だけあり、ノーブレス・オブリージュが違う。『高松宮日記』公刊も日本国家のためと妃殿下の強い思いがあって上梓に至ったことが阿川氏の書からも忖度できる。

しかも、喜久子妃殿下は基本的に日記のすべてをそのままを入れるというご主旨だったと阿川氏の著書にある。皇族御一統や宮内庁にとって具合の悪いこと（宮の生活上迷惑な世話焼き＝御付武官へのご不満、愚痴など、いまでいう〝ツイッター〟）も一切削除しないということだったらしい。当然、宮内庁上層部は反対したらしいが、妃殿下は意に介せず初志を押し通されたという。阿川氏が編纂に応じたのも、阿川流に書けば「さういふ妃殿下の御心に動かされたやうに思ふ」と自分の気持を披歴してある。

その第一巻が高松宮の兵学校時代と日本の国際関係がおかしくなる時期を含む昭和十年から昭和七年までの日記である。

昭和七年という年期は昭和史の上で大きな意味がある。その少し前から国際関係がおかしくなっていた。五年のロンドン軍縮会議、六年の満州事変、そして七年…「海軍食も昭和七年を頂点として」と第一部で書いたが、そういう背景もあったわけである。

『高松宮日記』でも昭和七年は十二月二十九日から大晦日の三日分しか記載がないことも実物本を見てわかった。なぜ欠落しているのか、その理由はわからない。

手持ちの阿川弘之氏の『高松宮と海軍』を数ページ読み返し始めると同時に実物の『高松宮日記』第一巻が通販にあるのを知ってさっそく注文した。図書館で探したり（広島市中央図書館に一冊だけあるのを確認）、書店で注文したりするより早く、三日後には格安値で入手できる現今の書籍販売システムに一般書店の経営の苦しさを物書きとして感じた。妃殿下はじめ幾人かの人たち（出版社も含め）の力で難産で誕生した書籍を簡単に入手しては不遜のようにも思えたが、だからこそ熟読・精読しないと不遜にあたると気も回した。

すると、なんという幸運か、ブックケースに納められた四九〇ページの豪華本は手垢付かずの新品で、付録の解説リーフレットも発刊時の状態のまま挟んであった。リーフレットは[高松宮殿下と海軍兵学校の生活]と題する談話が活字になったものである。寄稿者を見てさらに驚いた。末國正雄元海軍大佐である！　この人なら私は鮮明な想い出もある！

末國大佐は兵学校が高松宮と同期の五十二期。同期生に源田実、淵田美津雄ほか著名な歴戦の勇者もいる。戦争後期は海軍省人事局にいた人で、戦後は海上自衛隊幹部学校が部外講師としてときおり招聘していた海軍の生き証人である。しかも、私は昭和五十七年当時、市ケ谷にあった幹部学校の高級課程学生のとき末國元大佐の特別講話を間近で聞いたことがある。今でも講話の内容を覚えている。

気持に拍車がかり、約四五〇〇字のリーフレットの小文を一気に読んだ。読みながら、抱いていた疑問が氷解した。

疑問とは、「宮殿下がホントに一般の兵学校生徒と寝食を共にしたのだろうか。三年間も皇族中の皇族ともいえる高い身分の人が、ああいう生活を…」ということだった。「ああいう生活」というのは、時代は違うが、私が江田島の海上自衛隊幹部候補生学校で候補生として過ごしたのは一年間だけであるが、厳しい生活・日課は前記した兵学校料理〝トンバック〟ではないが「もうケッコウ」というくらいだったからだ。

兵学校、機関学校、経理学校は国内外情勢等により、就学期間が長い年と短い年がある。

長いときは四年間で、明治二十一年（十九期）からの六年間と昭和七年（六十三期）から九年までの三年間は期間が四年であるが、ほかはおおむね三年、大東亜戦争になると段々短縮され、昭和十七年十二月一日に入校した七十四期は卒業が二年四ヵ月後の昭和二十年三月三十日だった。

高松宮の兵学校在校は出身者名簿では「第五十二期／入校大正10年8月26日、卒業大正13年7月24日」とちょうど三年間になっているが、末國氏の談話収録では、殿下は前年五月に「予科」という皇族の準備教育期間から江田島に来て大講堂の一室で教官と差し向かいで授業を受け、翌年八月に五十二期生に編入されたとなっている。予科に入られた五ヵ月後に設けられた特別官舎（高松記念館として現在も保存）で起居された。

ここにも『高松宮日記』は末國氏の談話録と照合しながら読まないとわからなかった鍵があった。高松宮宣仁親王の江田島生活についていちばん信頼できる資料はこの末國氏の談話と秋元書房が刊行した大冊の『海軍兵学校・海軍機関学校・海軍経理学校』（昭和四十六年初版）だと私は思っている。

末國氏は五十二期の同期生として約三年間を過ごし、二、三号生徒のときは宮殿下と距離が置かれていたものの、一号生徒（最上級生）のときから同じ第十二分隊となり、とくに殿下の剣道と水泳（小堀流）のお稽古相手ともなった。詳しいわけである。私が幹部学校（市ヶ谷）で末國講師に直接授業を受けた（昭和五十七年）のは一コマだけではあるが、当時すでに八〇歳に達する年齢のはずだが、講義を通じて感じられる人柄や話しぶりから同氏の記憶にきわめて確かなものが感じられた。末國氏を知る旧海軍、水交会会員等多くの人からも同氏に対する信頼と評価が高いことも知った。

高松宮の兵学校生活は末國氏の談話から抜粋するのが最もわかりやすい。

大正九年五月からの兵学校予科期間を含め、大正十年八月に第五十二期生徒として本科編入、大正十三年七月に卒業されるまでの約四年間―予科期間は江田島常在ではない日数も少しあるようだが―どんな生活で、どんな食生活だったのか、あまり知られない話なので、読者には「そうだったのか…皇族ってたいへんなんだ」と受け取ってもらえる程度を承知で適宜私の注記を挿入する。

〔同期生だった末國正雄元大佐の談話記録の要旨＝文責筆者〕

「私は大正十年春に山口中学四年修了後の八月二十六日に海軍兵学校五十二期生として入校しました。入校直後に高松宮宣仁親王と予科御在学中の伏見宮博信王殿下に奉伺したのですが、その日まで高松宮殿下が五十二期生に編入されたことを私は知りませんでした。

殿下は、前年五月に兵学校予科に入学されています。予科制度は兵学校が創設された当座はありましたが、早期に廃止され、この頃は兵学校に進まれる皇族の準備教育機関を予科と呼び、殿下は大講堂の一室で個別教育を受けられたと承っております。

（筆者注：この記述で一年下級生となる伏見宮殿下が江田島におられたことがわかる。この時期の生徒館というのは現在保存管理されている赤レンガの象徴的な建物で、筆者〈高森〉の候補生時代も昔のまま自習室、寝室を使っていた。私の分隊も同じ右側の部屋を使って一年間を過ごしたので状況がよくわかる。大正八年に第二生徒館も完工しているが、末國氏の記事は赤レンガのことだろう。末國氏の談話は高松宮殿下の予科時代と本科時代がやや混同していると感じられるが、そのまま転記する）

最下級生の私たち三号生徒二七四名は二号生徒と最上級生の一号生徒を縦割りに混成した分隊編成では第十二分隊に属し、殿下もご卒業まで同じ十二分隊でした。分隊編成というのは、授業内容とは直接かかわりのない生活指導の場となる上級生、下級生を混合したグループ編成で、結束は固くなるものの、三号生徒は毎日が戦々恐々の連続でした。

兵学校生徒のメニュー。昭和13年ごろの夕食例で、炊込み飯に肉料理、汁物が付いている。箸と一緒にスプーンも付いている。洋物皿と金属食器の混用

第十二分隊は生徒館の正面から向かって右の端にあり、一階が自習室、二階が寝室。殿下は自習ではご一緒ですが、寝室は分隊寝室横のお一人だけの部屋です。食事もこの部屋で殿下お一人だけでとられ、生徒食堂ではお姿を見かけたことはありません。校内で使う舟艇も殿下御専用で、隔離された日常ですからお寂しいのがよくわかりました。

御付武官がいつも随行していて、御学友もご入校時から決めてあってその多くは学習院出身者が選ばれていました。

殿下の親友といえばお日記にもありますが、同期の佃定雄生徒だけではなかったでしょうか。お日記で不満を綴っておられますが、御付武官にも同情すべき点があります。明治三十年の勅令で「皇族付海軍武官ノ付属スル皇族ノ威儀整飾ヲ奉助シ軍務祭儀礼典及宴会等ニ随従スルヲ任トス」となっていて真面目な武官ほど四六時中殿下のおそばにくっつく。殿下には煩わしかったのでしょう。

夏期日課での起床時間は午前五時半。八時から課業（授業）です。学科は、数学、物理、化学の理科系の普通学が主で、運用、水雷、機関など兵学は一号になってから習います。昼食は前記のとおりです。一般生徒は昼休みに生徒館屋上洗濯場で手洗濯をします。

午後の課業、訓練が終わって午後五時の夕食までに入浴を済ませ、夕食後自習始めまでの間は親しい者どうしで散歩をしたり養浩館（売店）で甘味品を食べるのが一日で最も憩いの時間です。殿下はよく散歩されておいででした。

（筆者注：皇族にとってはやはりたいへんな日課である。ご自分の身の周りの不慣れな作業、一、二回の体験ならともかく、三年以上である。食事についてもどのような料理だったのか、昼休は高松宮宿舎に帰られるにしてもゆっくりされる時間はない。一般生徒のように養浩館で羊羹や大福を買って食べたいところだろうが、御付武官がいつも見て〈監視〉いる。気の毒である。阿川氏もそのご不満の例を挙げているので後ほど転載する。ほかの生徒以上の頑張りだったことが感じられる。官舎の庭で和服に着替えて仔犬を抱かれる高松宮の写真の表情を見ると、ひとときの安らぎが感じられる）

六時半から九時まで自習、九時半就寝・巡検で一日の日課が終わります（冬季は三〇分遅くなる）。

土曜日は午前だけ授業で、午後は大掃除、銃器手入れですが、気は抜けません。分隊編成で名物の棒倒しや短艇撓漕訓練があるからです。棒倒しはかなり暴力的行為が認可されているので伝統的に皇族は見学の位置にされていました。うっかり手が触れるたりしたら大変ですから…。

（筆者注：当時は、鈴木貫太郎前校長により鉄拳制裁は禁止だったので上級生から殴られることはなかったらしいが、銃の反復上げ下げなど辛い制裁はあったという。まさか宮様を仕置きの中に入れるわけにはいかないので、上級生のほうが気を遣ったようだ。ヘンな言い方だが、皇族生徒のおかげで鉄拳を食わずありがたかったと言う者もいた。鉄拳制裁禁止はその後緩和されたり黙認されたり変動があり、前述した豊田穣氏の六十八期などは復活していたようで、「かく申す私も、兵学校時代に千二百殴られて、二千八百殴って卒業した」とある。「生徒数が増えてくるので殴る数も増える」〈前出『江田島教育』〉とあるが、いいことではないとは認めているようだ）

和服で仔犬を抱かれる兵学校官舎での高松宮生徒。平間洋一氏提供写真で、昭和57年ごろ喜久子妃殿下から花瓶を賜ったときにこの写真も付いていたと聞いている珍しい写真

私が一号生徒になったとき、語学別分隊編成が改まり、フランス語分隊だった殿下の第十二分隊にも英語、ドイツ語専攻者がドカッと入ってきました。私もその一人で、殿下と同じ分隊になりました。率直「大変なことになった」と思いました。

私たち五十二期生は八八艦隊建設に備えた三〇〇人クラスでした。ところが入校三ヵ月後の十一月にワシントン軍縮会議で英米日の主力艦、空母の比率が五・五・三となり八八艦隊構想は消え、翌年二月の条約調印を迎える前に五十三期、五十四期の生徒採用数が激減してしまいました。私たちにも、休暇帰省前に分隊幹事から「学校をやめたい者は親に相談してこい」と言われたくらいです。実際三〇数名が自主退校しています。私が一号になったときは分隊の三分の二が一号生徒という奇現象になりました。殿下の兵学校生活は変わらずに続けられました。

学校では、棒倒し、柔道、剣道、カッター、野球など数種の分隊対抗競技がありますが十二分隊はいいところまでは行くものの優勝したことはありませんでした。殿下が参加されるのは小銃射撃だけですが、私は分隊の射撃係になり、ぜひ射撃で優勝したいと装薬量を減らした縮射弾での練習には殿下にも大いに参加していただきました。おかげで我が分隊が優勝、殿下を囲んだ祝勝写真（次ページ）はそのときのものです。

一号生徒になってから、私は殿下の剣道と水泳のお相手で、お日記の大正十二年十月十一日に「剣道ノトキ魚住ト末國トガ赤塚、日野ノ外ニ来ルコトニ坂部サンガシタ」と記されています。（注「坂部サン」とは分隊幹事の坂部少佐）お日記にない部分を補いますと、私たち五十二期生は大正十三年七月二十四日に兵学校を卒業し、少尉候補生となって遠洋航海に出ました。殿下は練習艦「浅間」に配乗が決まっていて、兵学校で第十二分隊幹事として殿下をよく知る坂部少佐が三ヵ月前の五月に先行して「浅間」に運用長兼分隊長として先に赴任していたのですが、遠洋航海前の内地巡航のときに殿下は赤痢に罹られて横須賀の病院に入院されることになりました。

兵学校での小銃射撃競技優勝記念写真。前列中央が高松宮殿下（大正13年5月）生徒館前で

そういうことがあって殿下は大正十三年度の遠洋航海には参加されずに戦艦「長門」乗組みとなられたのです。十三年のお日記が丸々空白になっているのはほかの理由もあるかもしれませんが、あまり知られていない話です。

私が殿下と再会するのは、同じときに戦艦「扶桑」の分隊長に補された昭和八年十一月のことで、殿下は主砲後部砲台長、私は高角砲指揮官兼砲台長のときになります。そのときは、一期先輩で、平成時代になって『高松宮日記』編纂委員となる大井篤さんが主砲前部砲台長だったのですからいろいろなご縁があるものです」

末國正雄氏の談話記録は高松宮殿下の江田島生活の模様

に終始しているようだが、私が適当に抜粋して一文にしたためで、高松宮日記やその他の資料を重ねると皇族生徒の食生活もすこしは推察できる。

宮の宿舎では御付武官のほか二名の主計兵曹がお身の周りの世話をし、食事もつくっていたこともわかった。前掲写真のアルミ食器ではないと思うが、メニューは特別なものではなく、一般生徒とあまり違いはなかったのではないかと想像する。明治天皇が日露戦争中、「兵と同じものを」と言われたことにそっくり倣ったとは思えないが、簡素な献立であったことは間違いない。『高松宮日記』には「○○時食事」というふうに書いてあるだけで、「美味なり」とか「本日の食事、進まず」など、気になるような記述は一切ない。あのトンバックのような料理もあったのかどうか…。

読んでいちばん気になる—気の毒だと思う—のはのべつまくなしに近くに居る御付武官の鬱陶しさで、

「要スルニ学校内デ何処ヘデモ尾ケテアルクノダソウナ。私ガドウシテソンナニ一人デ歩クト信用ガ出来ナイノカシラ」（大正十年五月二十一日）

「私ハホントニ常ニ孤独デキナケレバナラヌノダラウカ。淋シイ淋シイ淋シイ」

というのがある。次のような自嘲気味な記述も宮日記にある。

私は比叡の油虫　立派なお部屋に納って　たらふく食ったらちょろちょろと

ふざけ散らして毎日を　遊んで暮らす有様は　他人が見れば　羨めど

我が身となれば徒食の辛さ益す許り…（以下省略、「比叡」は殿下が後年乗り組んだ戦

艦）

阿川氏はこれを、むしろ高松宮は不思議なユーモアセンスの持ち主だったとしている。御付武官の悪口もかなり書いてある。それが公開されるのを喜久子妃殿下も気にされたようだが、そのママでいかれた。阿川氏の『高松宮と海軍』でも書いてあって、そのまま引用すると、

「実際、当の武官たちが生きてゐて、これを眼にしたらたまらないだらうと、私も思ふ。皇族武官といふのは、本質的に損な役割であって、誰の武官だったか、たぶん高松宮附ではなかったと記憶するが、『こっちだって毎日、たまったもんぢゃないんだよ』と家に帰れば酒ばかり呷ってゐたといふ人の話を聞いてゐる」

とある。そのときのことを考えるとどっちも（殿下も武官たちも）たまったもんじゃないな、と感じるのは我々〝平民〟の気楽な感想である。

阿川氏が書かれたものをもっと紹介したいが、興味本位に受けとられてもいけないのでやめる。ただ、心残りがするので二、三転載しておく。大正十二年の日記である。

「九月五日　水曜　雨晴

ドウシテモ武官サンハ帰ラヌ。理性ノタメカ、政略ノタメカ。夕食後官舎へ行ッテ果物ノ缶ヅメニ思ヒヲマギラス。佃さん風邪にて休業す。一日面会せず」（ひらがな部分はママ）

「十月六日　土曜　晴

（前略）佃さんハ自習中休ミニモキテ来《ママ》レヌラシイ。併シコノ頃ハ大講堂裏ニ人ガクルノデヨクワカラヌ。私トノ交際ヲ内心イヤニ思ッテラッシャルノカト云フ気ガスル。私ハドウ考エテヨイカワカラナイ。私ノシツコサニモイヤケガサスノダラウガ。互イニ語ッテ断定ヲツケヨウカシラ。ソレモドウカ。私ハドウシテモ孤独デアルベキダ。サウダサウダ」

「十月七日　日曜　晴

［予記欄］博信王ハドウモ神経衰弱ノ気味ダ。ヤハリオ友達デモツクッテ快活ニ押シムケスルコトガ肝要ダ。私モ少シ手伝フカト思ッタガ、ヨク考ヘテ見ルトソレハ私ノ主義ニモトッタ行為ノヤウダ。萩麿王モオ友達ガヨクナイ…（以下略）」

高松宮殿下の苦衷を察するに余りあるようなことが書いてある。

公刊された書籍なので今だから国民も読むことができるが、じつに中身の深い宮日記である。とくに各巻脚注にある、背景となる時期の事項説明、人名の付記はよく整理されていて史料としても価値が高い。

宮日記にしばしば登場する「西村サン」は同期生の一人である。十年の日記の初めのほうは「西村、西村」となっているが、しばらくたつと「西村《にしむら》サン」の連発になるのでかなり親しい関係にあったらしい。名簿で西村友四郎という生徒名を見つけた。「佃サン」は末國氏が「殿下の本当の親友といえば、お日記にも出てきますが…」と語っている（前出）同期の佃定雄生徒である。

殿下の兄宮の秩父宮殿下は陸軍士官学校で親しい級友をたくさんつくっておられたようだ

が、性格というよりも高松宮は別の意図もあってあまり多くの学友をつくられなかったらしい。御幼少時から体もあまり強健な方ではない。学習院初等科入学のとき、乃木希典院長から「教学聖訓」と「学生心得」を渡され、とくに宮には「何より健康が第一です。お体が弱くては何をなすにも達成できません。その上での勉強をと心配したほどで、宮方への教育も奉仕に明け暮れる毎日だった。

よくぞ、高松宮はまる四年間（予科に入られたのが満年齢一五歳四ヵ月）を江田島で過ごされたものだと思うし、また、ご卒業後は海軍士官として艦隊勤務で砲術長等を務められた。前記したように、兵学校、艦隊勤務では考えられるところあって将兵たちとは一線を隔したようだが、兵学校期か実務期かは知らないが宮殿下のことを海軍部内では仲間うちで「高松サン」とか「高松ッチャン」と親しみを込めた言い方をしていたことを私は海軍の古い人から聞いた。陸軍の秩父宮への陸軍の接し方とは全然違う雰囲気である。

ご自身もすっかり海軍慣習を身に付けられ、戦艦「長門」の通路で下士官が敬礼したら、宮が「オッス！」と海軍式敬礼で答礼された話もある。海軍略語もお手のモノ。略記号「×カ×」や「×トヨト×」なども使われている。例を挙げたいが長くなるので海軍特有の便利な略語などの解説は略する。「×カ×」は艦長、「×トヨト×」は「当直士官ヨリ当直士官へ」の略。海上自衛隊でもそのまま使っている。海上自衛隊の遠洋航海見送りなどにも応じられ、旧海軍の人たちとの会話では海軍用語や略語が飛びかったと平間洋一氏から聞いた。

高松宮の影響は喜久子妃殿下にもあったようで、昭和五十七年の遠洋航海部隊壮行会のとき宮殿下と田辺元起司令官の談笑を見て、妃殿下が、「キサマ（貴様）仲間はお話が弾みますね」とからかわれたと、これも平間氏から聞いた。いい話なので忘れずにいた。

お日記にある食べもの、料理を抜き書きしてみようと精読しながらピックアップしてみたが、「これは美味だった」とか「あれはいけない」など特定の料理名詞を挙げることはもちろん、「今晩の献立は…」なども一切ないことがわかった。当然のことで、これが帝王学というものであろう。

武官サンがうるさいので官舎で腹いせ？に「果物ノ缶ヅメニ（食べて）思ヒヲマギラス」とあったり、「小戴が送られた」という記述（十年五月一日）などはある。小戴《こいただき》とは宮中慣例による皇族誕生日のお祝い菓子で、平べったくした餅に甘味のない小豆餡を乗せたものらしい。「ご処分のお菓子を西村さん、伊達さん、篠原さんにやる」（九月十七日）とあるが、宮の食事の献立とは違う。

日記では、ただ「官舎で食事」とあるだけで、これではどんなものを食べておられたのか皆目わからないが、前記したように二人の主計兵曹が特別官舎に隣接した宿舎で在住していたからまったく生徒たちと同じものばかりではなかったと推察はできる。

これでいいのだと思う。年月日は省略するが、「御内儀ヨリみそ漬ノ鮎ガ来タ」、「有栖川宮ヨリ御所柿」、「御内儀ヨリ初霜漬、干鱈ヲ御贈リ戴ク」「三篠団子（わさび入り）ハ面白イト思フ」、「伏居宮家ヨリオ葬儀ノトキノオ返シニオ菓子ガステキナ箱ニ一杯来タ」など、お日記から拾い出しても、これらは宮中からの差し入れなどで、いわゆる食生活の一部ではない。「三篠団子」は広島への演習のときの西広島三篠町の地元産品らしい。「昼食ハ官舎ニ戻ッテ」とか「私モ生徒館デ食事ヲシタ」と書かれたのがあるのは、基本的に昼食は生徒館でとっておられたことが推定できる。日課からも昼食のために毎日官舎へ帰っている時間はないはずである。

昭和天皇の料理番として知られた秋山徳蔵主厨長の著『天皇の料理番』、秋山氏の仕事を継いで昭和天皇・皇后の食事づくりを担当した谷部金次郎氏の『昭和天皇と鰻茶漬』には聖上（おかみ）の好みや嫌いだったものがさりげなく書いてある。それは天皇の料理番を勤めた人のもので、ホントが多いと思う。昭和天皇は焼き芋がお好きだったらしいが、焼き芋を皮ごと食べたかったと晩年言われたことなど貴重な証言もあって、一般国民にはわからない皇族の食生活というものがおぼろげにわかるところも多い。

この項の初めに書いたように、ほかのお二人の皇族軍人のことにふれたい。

高松宮殿下とはちょうど一〇年遅れてお二人一緒に第六十二期生徒として海軍兵学校に入られた伏見宮博英王と朝香宮正彦王について、どうしても書いておきたいと思ったからだ。どうしても」というのはお二人とも太平洋戦争で南方戦線に参戦され、戦死されているので、戦死された皇族軍人もあることに私なりの想いがあったからである。

お二人の殿下の皇統とか皇族譜など考えるとややこしくなるが、兵学校卒業者名簿に伏見宮博英王、朝香宮正彦王と「王」が付いているので「三世以下の嫡男系で嫡出の子孫であられた」ことは間違いない。そういう方が兵学校で就学（昭和六年四月一日〜九年十一月十七日）され、太平洋戦争末期に前線で戦死されるのだから皇族の歴史でも大きな出来事である。お二人の兵学校在校中の身の置き方は皇位継承殿下の高松宮殿下ほどではなかったと思うが、やはり宮様の一員である。起居は宿舎であったとしても、一般生徒たちと全く同じ食事ばかりではなかったと想像する。

伏見宮博英王は少尉任官後、第三連合通信隊司令部所属だったが、昭和十八年八月二十一日、乗っていた飛行機がセレベス島南部上空で撃墜され、戦死された（享年三〇）。

朝香宮正彦王は伏見宮と同時卒業後に砲術学校学生を経て空母「赤城」戦艦「山城」「陸奥」勤務に続き第六根拠地隊参謀として参戦、十九年二月六日にクェゼリン島で戦死された（享年三〇）。朝香宮は昭和十一年に臣籍降下し音羽正彦と名乗られるので資料によっては「音羽侯爵」となっているのもある。国民は従来どおり「朝香宮さま」と呼んでいたようで、私が熊本に疎開した満五歳のとき、祖母が「朝香宮さまも戦死されたとげな…」と言っていた。

こういうことを今でも覚えているのも我ながら不思議だが、朝香宮の戦死と昭和十九年秋の私の疎開時期と合うからだろう。食べもののことなどとくによく覚えている。前記した「ぶえん（無塩＝鮮魚）」もそのころの子どもとしての記憶である。

伏見宮と朝香宮の任官後の食事はそれぞれの部隊のメニューを食べておられたはずで、皇族なので食事は隊司令や司令官と同席が多かったのかもしれないが、食事は特別なものではないはず。南方戦線の食糧窮乏も体験されているのかもしれない。

海軍の皇族軍人の食事はどんなものだったのだろうという興味から一項を設けた。

本書のほかの項目内容とかなり違う扱いになり、第三部タイトルの「海軍グルメ、ウソとホントの余話」に入れるよりも別仕立てで書いてもいいくらいだった。それを承知でこのテーマは紙数も増やしてあまり知られていないことを書いた。

私が昭和三十六年（二二歳時）に海上自衛隊に入ったのはもともと栄養士としての技能職採用によるものだった。公募海曹という最初から海曹身分で採用され、入隊講習は江田島の第一術科学校で受けた。レントゲン技師など、わずか七名の資格所持者だったが、教官はほとんど旧海軍出身者で、運用術教官には海軍の元甲板員だった人もいて江田島での皇族生徒の教育にまつわるおもしろい話も聞いた。

兵学校生徒時代の伏見宮博英王（左）と少尉任官後の朝香宮正彦王（音羽正彦侯爵）

教官、教員たちも皇族生徒がいると気を遣った。運用術ではきびしい実技教育がある。とくに「結索」は帆船時代からの安全・確実・迅速を旨とするロープの結び方などは甲板作業の基本である。一般の生徒には手厳しく教えるが、〝宮様〟たちに教えるには勝手が違う。大きなロープはホーサーといって一握りもあるもので、これを使って数名が人力だけで一トン以上もあるカッターボートを上げ下ろししたりする。

教員たちは、一般生徒に対しては「ホーサー握れ！」とか「結びはもっと強く！」、「力を入れろ！」とか命令するが、皇族生徒に対しては「ホーサーを握られます」とか「そこはもっときつく結ばれます」、「力を入れられます」とヘンな日本語だったという。「○○宮生徒、気をつけられます！」…そんな調子では「気をつけ！」も気合いが入らない。

兵学校には皇族も入った、という海軍の教育の裏にはそういう学校側の苦労もあった。陸軍では士官学校はじめ宮様たちへの対応はすべて雲上人扱いだったと聞く。海軍には、戦後も海軍を懐かしむ宮様が多かったのは陸軍との違いがあったのだと思う。

私が居合道修業に専念していた時期（昭和四十四年〜五十四年）の大日本居合道連盟会長は賀陽邦壽《かやくになが》氏だった。

連名会長は賀陽宮恒憲王の第一王子で、昭和十六年に陸軍士官学校（五十五期）に皇族として入校、陸軍軍人となられた賀陽宮邦壽王（大正十一年四月生まれ）で、戦後皇籍離脱された方だった。演武大会や京都の武徳殿などで数回挨拶する機会もあったが、おだやかなご風貌で、古武道への造詣も深いように見えたが陸軍でのご体験などはついぞ聞いたことはなかった。会員は「宮さま」とか「殿下」とお呼びしていた。

海軍の左箸の問題

本書の最後に持ってくるテーマというのもおかしいかもしれないが、締めくくりは左利きと海軍の食事の問題にした。写真から先に説明する。

左の写真は、高名な写真家・真継不二夫氏（明治三十九年生まれ）が遺した多くの作品の一部で、上は、撮影のため昭和十七年四月から五ヵ月間江田島に滞在して撮った中の海軍兵学校生徒（七十一〜七十三期）、下は撮影時期不明であるが、横須賀海兵団新兵の食事風景である。

兵学校生徒の食事風景（真継不二夫氏撮影の部分）

横須賀海兵団新兵の食事風景（同じく真継氏撮影と推定）

見るとおりの大食堂での食事風景で、細かいところまでは見えないにしても、だれ一人として左手で箸を持っている者はいないのがわかる。拡大鏡を使って観察もしたが、画像に写っている限りでは左利きとおぼしき者がいないのに以前から気づいていた。

（上下写真とも構図が高い位置からの撮影はかな

り凝っている。いずれも他に例のない貴重な海軍記録である。なお、真継不二夫氏の息女・真継美沙氏は札幌在住の同じく写真家で、水交会北海道水交会副会長でもある。写真の使用承諾を得るとき美沙氏から父君の想い出話として、海軍からの特別報道班員要請に対しては相当な決心で応じたいきさつを聞いた。どの作品からも気迫が感じられる。被写体となった兵学校生徒七十一期から七十三期は合計二一〇四名で、卒業後四五パーセントを超す九四九名が戦死している。撮影時期はすでに戦局が悪化し始めていた。右の写真二枚も、テーマ〈左箸問題〉の見方を変えれば私には〝レクイエム〟として写る。真継氏は先を見越して、まさに命を懸けての撮影だったと筆者の想いがある）

私は元来左利きで、幼児のころ左手で箸やサジを使うのでずいぶん叱られた。「また！」——と母親からそのつど左手をシッペ（竹篦）された。「大人になってから困る」がその理由だった。むかしは左利きは特異な目で見られることがあって、絵を左手で描くのも直された。良かったのか悪かったのか、私は親のパワハラで右利きに修正された。石ころを投げたりするのだけ左手だった。五〇歳になって初めて歯の治療をしたとき、六本木の歯科院長が「おたく、歯ブラシは左手でしょ？」——と言われた。わかるものらしい。

尾籠な話だが、トイレでは左手しか使えなかった。インドでは食事は右手、手洗いは左手を使うそうで、左手は〝不浄〟とするらしい。握手も右手。仏像には種類が多く、よくわからないが菩薩や如来には左利きがいないのか、印を結ぶ施《せ》無《む》畏《い》印《いん》の手は右手。不動明王も剣を持つのは右手である。だが、まてよ…そういえば、薬師寺（奈良市西ノ京）の薬師三尊の脇侍月光菩薩像（中尊の向かって左の立像）は左手で印を結んでいる。元左利きの私はそれを見てホッと感じたことがある。その一方では、左手こそ尊い〝奥の手〟なので普段は使わず、いざというときだけ使う大事な手という考え方が古来日本にはあった。最後の手段というときの「手」とは普段使わない左手を指している。

右利きが圧倒的に多いのは（左利きは二〇人に一人という統計がある）のは、心臓が左にあるので負担を軽くする意味もあると栄養学校の授業で聞いたことがある（世界的に稀な例に右心臓人間がいたらしいが）。人が使う道具はほとんど右利きを基準にしてある。日本刀は太刀《たち》も左に佩き、打刀《うちがたな》も左に差す。左利きの武士もいたのだろうが、刀は左腰に差した。一度だけ栗型（紐を通す鞘の部分）が反対側にある打刀の拵えを東京国立博物館で見たことがあり、学芸員に訊いたことがある。著名な人だったが、「左利きでも武士は左に差すのが掟でしたからね」と、納得できる答えはなかった。丹下左膳（架空）くらいのものか…。

ビリー・ザ・キッドの「左利きの拳銃」伝説は写真ネガの裏返しプリントの間違いらしい。ニューメキシコの資料館でわかった。ライフルや機関銃は右利きを基準に安全装置などが付いているが、左利き用銃がなくて困ると聞いたことはない。軍用銃に右利き用、左利き用の区分があっては困る。左弓といって弓を馬手《めて》（右手）にし、弓手《ゆんで》（左手）で矢を射るのは平安鎌倉時代でもときおりあったらしい。利き腕が関係しているのかもしれない。

左利きは器用だとも言われる。レオナルド・ダ・ヴィンチは左利きだったとの伝説もある。

ダ・ヴィンチの鏡文字（鏡に映さないと読めない文字＝左利きなら書きやすい）はその証拠とする研究（昭和六十三年一月二十日、日経新聞「文化」欄＝長年保存してきた）もある。自画像に右向きのデッサンがあるが、鏡を見ながら描けば左側の顔は右向きになるのは当然で、この話はあまり確かさがない。

左甚五郎…江戸初期の名工の名は左利き伝説に由来する。左利きはピアノ練習に苦労するともいう。実際に左利きのピアニストは少ないが、あの変人ピアニストのグレン・グールドは左利きだった。ピアニストから指揮者になったダニエル・バレンボイムも左利き。棒は右手で振っていた。アインシュタインは完全な左利きだったらしい。

ぎっちょとは俗語で、左義長（小正月の行事＝とんどとも）から来たとも言うが由来ははっきりしない。私の子どものころは左利きをややさげすんだような「○○ちゃんたらぎっちょんちょんのパイのパイのパイ〜♪」という歌もあった。矯正しようとする親があったのはそういう感覚だったのかもしれない。いまでは無理に矯正する必要はないらしい。

スポーツ選手には左利きがけっこういる。野球の左投げ右打ち…その反対とか…手は使わないが、サッカーも左利きの世界選手が多い。ゴルフクラブはサウスポー用もあるが、左利きはゴルフレッスン書を読みながら、スタンスは「左足の開き六〇度」とあれば、それは右足のことと受け取り、ティショットで構えるときは頭をすこし右にひねり、と書いてあるのは、右と左を読み替えるのでなんの問題もないらしい。相撲では、貴乃花光司元横綱、朝青龍、鶴竜も左利きで、相手は当然それを知って取り組んだ。柔道でも同じらしい。

そもそも、右とか左とか区分に優劣があるのか。革新的なことを右翼、右派と言い、保守党に反対する議員を左派、気楽な生き方を左うちわ、事業が落ち目を左前…左巻となると頭がおかしい人間のことになったりする。右大臣は左大臣より格が高いとしたり、「左」と「右」は人間社会ではなんとなく区分されている。どっちにしたらいいのか兵員が右往左往しないように海軍では、投錨停泊中のフネでは、右側を上位とし、右外舷ラッタルは上級士官用、その他、下士官兵たちは左舷を使わせたりした。

もともとぎっちょの私は余分なことまで考えてしまう。脳みそには右脳（右側）と左脳で判断に違いがあるらしい。右利きは左脳で考える人間が多く、左利きは左右脳半々を使う…というのはテレビでの話。心臓はなぜ真ん中にないのか…左脳で考えるのかきりがなくなる。そもそも「右」とは何か。辞典では、「右」とは「空間を二分したときの一方の側。その人が北に向いていれば、東にあたる側。人体でいえば、普通心臓のない側」となっている（『大辞林』）。「左」の説明はおおむねその反対のことが書いてある。「右とは左の反対をいう」では辞典としての用に立たないのはわかるが、なんとも回りくどい説明ではある。

ついでであるが、海軍の挙手の敬礼は右手を使う。右手の肘が脇腹にくっ付くくらい狭くして、手のひらをかなり内側に向け、人差指第三関節が帽子のひさしに触れる付近の位置で止める。これが日本海軍（海上自衛隊も）の挙手の敬礼で、明治初期に規則として定められた。陸軍は右手の肘を張ってほぼ水平に挙げる。

明治期には、左側の上級者に対しては左手で敬礼する慣例もあったという（瀬間喬元中佐の著書)。右手に物を持つときは左手での敬礼でもよかったとの話もあるが、確かではない。（注：右手敬礼については、明治十八年三月四日付で定められた海軍禮式令第一章第三条が根拠で、「凡ソ軍人ノ敬禮ハ挙手注目トス其方姿勢ヲ正フシ右手ヲ挙ゲ五指ヲ伸シ掌ヲ左方ニ向ケ…〈以下略〉」とある。食事の箸使いは、当然礼式ではなく、一種の躾《しつけ》として統一されたものだろう。いまのところ文字に書かれたものは見ていない）

日本海軍では、食事は右手を使っていたからみな右利きだったのではない。みな右翼的だと考えられてもいけない。食事だけの話であり、むずかしく考えることはなさそうである。

右翼といえば、前述した『高松宮日記』の編纂に大きな力のあった兵学校五十一期の大井篤氏などは生徒時代からかなり左翼的（？）発言を平気でする人だったらしく、陸軍将校が大井氏の言動を聞いて、「陸軍士官学校でそんなことを言ったら即刻退学だ」と言ったとか…。

料理は右利きを前提にして盛り付けする。片刃包丁は右利きに合うように造ってある。京都の料理家大原千鶴さんのような左利き料理人はめずらしい。

海軍では理屈ではなく、右利きが多い日本人の動作をもとに、狭い艦内を考え、「食事は右手」としたのだと思う。写真では、兵学校も海兵団でもかなり間隔を詰めている。背もたれもない簡易な長椅子。左手で箸を握る者が一人でもいるとみなが迷惑する。

私の場合の矯正は、左手で食べるとご飯を取り上げられかねないくらいの母親のパワハラで、「大人になってから困る」だけだった。海軍ではもっと上手な教育をしたと思う。「フネは狭い。右利きと左利きが一緒に食事をしたらフネのバランスは崩れる。沈むこともある。

わかったか！」くらいだったのかもしれない。海軍の教育法は優れていたはずである。

最近のテレビでタレントの左箸が目立つ。コマーシャルでもぎっちょで食べるのがある。懐石料理では決まりはないが—ホントは細かいマナーがあるらしい—刺身、なます（膾）など本膳の向こう（外側）に置かれた料理は右利きを標準として、食べやすいように配慮されている。現代は、味噌汁はご飯の右側に置くが、古くは左側だったらしい。

まわりくどいことを書いてきたが、日本の生活習慣は右利きを前提として発展した。海軍の箸使いは食文化とは関係なく、秩序と空間の無駄を省くためではあるが、いかにも海軍の合理性のようにも見える。左箸を直されて困ったとかの話は聞いたことがない。

もちろん、これは日本海軍の場合であり、ナイフ、フォークを使う西洋海軍のことはここでは述べない。現在の海上自衛隊は右手でも左手でもいい本人の〝勝手〟になっている。

—完—

あとがき

本書のまえがきで〝ウソかマコトか〟伝説には尾ヒレが付いてこそ話に面白みが出ると書いた。

ニューメキシコにTruth or Consequencesというホントかウソかわからない長い名前の町があるのを知ったのがきっかけで構想を膨らませ、海軍料理に結び付けて書いたのが本書である。

名前が長ければいいというものではないが「寿限無寿限無　五劫の擦り切れ海砂利　水魚の水行末、雲来松、風来末、喰う処に寝る処、藪ら柑子に藪柑子パイポ、パイポのチュリンゲン…」と長い名前をオチにした古典落語がある。海軍料理書では最も古い『海軍割烹術参考書』（明治四十一年九月一日舞鶴海兵団発行）の西洋料理メニューの中に「シャットブリヨンヲランダニエールビアンネールソース」という長い名前のメニューに出くわしたときのことも紹介した。

フランス西方ブルターニュ地方近くのシャトーブリアンという小さなこの古い町に関係があるのか、となどと、空想が広がるのも料理のたのしさである。

舞鶴海兵団と言えば主として日本海側出身の海軍新兵を入隊教育する教育機関で、明治時代には西洋文化はまだ夜明け前。舞鶴海兵団で教育を受ける新兵たちの大半は日本海側の純朴な一七、八歳の青少年たち。贅沢な食生活はしておらず、一般国民の食生活も貧しい。そんな時代に、若い主計兵たちにいきなり西洋料理、それも代表的にむずかしいフランス料理を教えようというのだから海軍もたいした度胸である。いまでは、少しフランス料理の知識がある者なら〝じゅげむ　じゅげむ…〟のような〝シャトーブリアン Chateaubrirnd〟がフランス料理では最高級のステーキで、ソースとしてオランダ風ソースかビアンネールソース（バター、エシャロット、卵黄、ビネガー等を使ったソース＝現代はベアルネーズソースという）を添えるものであることを知っている者も多い。

知っていればなんということもないが、知らないことでかえって興味が高まることもある。料理

ニューメキシコ州 Truth or Consequences 市の位置

の裏と表やエピソードを知ることで食文化の面白みも増す。ウソだとわかってもその料理の由来やエピソードを知ると関心が高まる。

『ほら男爵の冒険』（一七八一年）で知られるミュンヒハウゼン男爵談を読んで怒る者はいない。むしろ愉快に感じるからホラ話は罪がない。海軍料理も虚々実々綯交《ないま》ぜがあるところに食文化史があるのかもしれない。

二〇二〇年八月にNHK総合テレビ『チコちゃんに叱られる』の番組づくりにかかわった。テーマは肉じゃが誕生の裏話のような筋書きで、東郷平八郎海軍大将も登場させようという企画だった。肉じゃがといえば二〇数年前から舞鶴と呉が発祥地をめぐる町おこしで知られる。東郷元帥が舞鶴鎮守府司令長官時代（海軍中将）にヒントを与えたという伝説から始まったものだが、そこはNHKらしく発祥地は露わにせず、時代を少し遡って東郷が大佐時代ということにしようというディレクターの意図だった。

放送は反響が大きかったようで、多くの感想が寄せられた。中にはテキサスのヒューストンから「たのしく観た」というのもあった。アメリカでも「チコちゃん」は人気番組らしい。国際結婚で懐かしむ日本人も多いという。

視聴者には一言居士もいるらしく、放送後、食文化研究会とかいう怪しげな名乗りで「NHKが肉じゃが考案者を東郷平八郎と認めるようなストーリーになっているが、どこにその証拠があるのか！」と、予想どおりNHKに反論があった。プロデューサーが「受けて立つ」ということになって私が回答のヒントを送った。

そんなこともあろうと、最初から舞鶴、呉、東郷神社等に前もって番組の主旨を伝えておいたのが当たった。

料理は美味しくたのしく食べればいいもので、あれは違う、これはおかしいと目くじら立てるほどのものではない。それが食文化というものだと思う。

舞鶴では町おこしのメンバー一行がイギリスにまで行って肉じゃがをつくって見せ、アドミラル・トーゴーのアイデアだと言ったらますます東郷を称賛したという。バルティック艦隊を撃滅したアドミラル・トーゴーの名を知るイギリス人は多い。試食したポーツマスの人たちにも（多少のおせじはあっても）好評だったようだ。

2006年８月、舞鶴市の有志一行20数名が日本海軍式肉じゃが紹介のため東郷平八郎の英国留学時代のポーツマスを訪れた。訪問団長清水孝夫氏とパメラ・ウェッブ・ポーツマス市長（右）

『チコちゃん…』番組でも、最後にコメンテイターの私（高森）は〝そういうこともありそう〟と結んでおいた。ＮＨＫの対応で一言居士は何も言わなくなったらしい。

本書には、ウソかホントかわからないところもあるが、知っておいて損はないもの、ウソだとわかっても知識が豊かになるものもある。ただ、中には「ウソの中のホント（真実）という気持で、昔の人に聞いたことを多少脚色して書いたところもある。

本書を通じて、料理への関心が高まる人が増えればさいわいである。

むかしから「ウソかマコトか」という、結果的には他愛ない疑問がある。日常会話で「ウッソ〜！」というのはホントに対する反語だからである。

英語で最も長い単語はPneumonoultramicroscopicsilicoolcanoconiosis（ニューモノウルトラマイクロスコーピックシリコヴォルケイノコニオシス）という医学用語（病名で塵肺症とも。近年社会問題のアスベスト禍がこれに似ている）らしい。高校生時代の勉強は案外記憶に残る。ウソのようだが、ホントである。

バカバカしいようなことでも知っておくとたのしくなるものもある。それが海軍料理でもある。『Truth or False of Imperial Gourmet…本書をアメリカ海軍に紹介できそうである。

未曽有のコロナ禍発祥時期（二〇二〇年初春）に起稿し、出版には支障の生じやすい環境下で執筆を進め、さらに現在は緊急事態宣言が拡大する中で本書を上梓できたことに出版社をはじめ、取材等に応じてもらった方々に感謝したい。

いかなるときにあっても出版は文化。事態は違うが日本海軍では戦時中も料理教科書を刊行している。それが今も役立つ。新型コロナウイルス感染の早期収束を祈って筆を置く。

二〇二一年六月

著者記す

ＮＦ文庫書き下ろし作品

NF文庫

海軍めし物語

二〇二一年七月二十一日　第一刷発行

著　者　高森直史
発行者　皆川豪志

発行所　株式会社　潮書房光人新社
〒100-8077　東京都千代田区大手町一-七-二
電話／〇三-六二八一-九八九一㈹
印刷・製本　凸版印刷株式会社
定価はカバーに表示してあります
乱丁・落丁のものはお取りかえ
致します。本文は中性紙を使用

ISBN978-4-7698-3221-8　C0195
http://www.kojinsha.co.jp

NF文庫

刊行のことば

第二次世界大戦の戦火が熄《や》んで五〇年——その間、小社は夥しい数の戦争の記録を渉猟し、発掘し、常に公正なる立場を貫いて書誌とし、大方の絶讃を博して今日に及ぶが、その源は、散華された世代への熱き思い入れであり、同時に、その記録を誌して平和の礎とし、後世に伝えんとするにある。

小社の出版物は、戦記、伝記、文学、エッセイ、写真集、その他、すでに一、〇〇〇点を越え、加えて戦後五〇年になんなんとするを契機として、「光人社ＮＦ（ノンフィクション）文庫」を創刊して、読者諸賢の熱烈要望におこたえする次第である。人生のバイブルとして、心弱きときの活性の糧《かて》として、散華の世代からの感動の肉声に、あなたもぜひ、耳を傾けて下さい。